草莓汁

木瓜汁

芹菜汁

柿子果醋

枣 醋

枣 酒

速冻草莓

真空冷冻干燥草莓

真空冷冻干燥草莓粉

天然草莓粉

南瓜粉

枣　粉

鲜切山药段

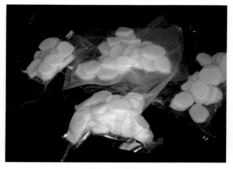

鲜切山药片

草莓酱

辣椒酱

传统腌制泡菜坛

果蔬切碎机

榨汁机

打浆机

均质机

胶体磨

真空干燥设备

板框式过滤机

农民与农技人员知识更新培训丛书

# 果品蔬菜
# 实用加工技术

编著者

苑社强　牟建楼　刘亚琼　赵丛枝

金盾出版社

## 内容提要

　　为了响应农业部启动的基层农技人员知识更新培训计划,金盾出版社与河北农业大学、江西省农业科学院东营市蜜蜂研究所等单位共同策划,约请数百名理论基础扎实、实践经验丰富的农业专家、学者参加,组织编写了农民与农技人员知识更新培训丛书,这套丛书包括粮棉油、蔬菜、果树、畜牧、兽医、水产、农机、农经等方面。本书是这套丛书的一个分册,内容包括:果蔬加工对原料的要求及预处理,果蔬罐藏,果蔬制汁,果蔬干制,果蔬速冻,果蔬糖制,果蔬腌制,果酒与果醋酿造,净菜加工,果蔬原料综合利用,果蔬加工新技术等。全书内容充实系统,技术可操作性强,文字通俗易懂,适合果品蔬菜加工企业、农户及基层农业技术推广人员学习使用,也可供农林院校相关专业师生阅读参考。

**图书在版编目(CIP)数据**

　　果品蔬菜实用加工技术/苑社强等编著. — 北京 : 金盾出版社,2015.10

　　(农民与农技人员知识更新培训丛书)
　　ISBN 978-7-5186-0433-3

　　Ⅰ.①果… Ⅱ.①苑… Ⅲ.①水果加工②蔬菜加工 Ⅳ.①TS255.36

　　中国版本图书馆 CIP 数据核字(2015)第 161955 号

**金盾出版社出版、总发行**
北京太平路 5 号(地铁万寿路站往南)
邮政编码:100036　电话:68214039　83219215
传真:68276683　网址:www.jdcbs.cn
北京四环科技印刷有限公司印刷、装订
各地新华书店经销
开本:850×1168 1/32　印张:5.875　彩页:4　字数:132 千字
2015 年 10 月第 1 版第 1 次印刷
印数:1～4 000 册　定价:17.00 元

# 农民与农技人员知识更新培训丛书
## 编委会

**主　任**

谷子林　　周宏宇

**委　员**

（按姓氏笔画排列）

| | | | |
|---|---|---|---|
| 乌日娜 | 孙　悦 | 任士福 | 刘月琴 |
| 刘秀娟 | 刘海河 | 李建国 | 纪朋涛 |
| 齐遵利 | 宋心仿 | 张　琳 | 赵雄伟 |
| 曹玉凤 | 黄明双 | 甄文超 | 藏素敏 |

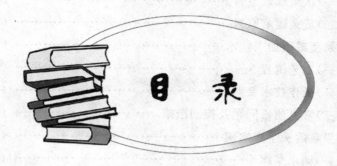

目　录

# 第一章 果蔬加工对原料的要求及预处理

果蔬加工是以新鲜果品蔬菜为主要原料,借助现代工业设备和工艺技术,经过各种物理、化学、生物学变化,而加工成能满足人们生活需要产品的过程。根据加工工艺不同,果蔬加工产品可分为罐藏制品、干制品、汁制品、腌制品、糖制品、速冻食品、酿造食品等不同品种。

果蔬加工后可以最大限度地提高其保藏价值和营养价值,有效延长农业产业链,大幅度提高农产品的附加值,从根本上解决增产不增收的问题。

## 一、果蔬加工对原料的要求

常见的果品和蔬菜,一般含水量为 75%~90%,除干制品外,在加工过程中水分基本上会保留至成品中。果蔬中除水分外,主要化学成分还有碳水化合物、有机酸、含氮物质、维生素、矿物质、色素、芳香物质、单宁、糖苷、各种酶等。果品蔬菜的种类和品种很多,其加工方法各不相同,不同的加工工艺和制品对原料均有不同的要求。对于某一特定的加工工艺而言,对果蔬原料的要求主要体现在种类和品种、成熟度和新鲜度等方面。

### (一)原料的种类和品种

理论上讲,任何种类和品种的果蔬都可以用来加工,但由于不同种类和品种之间理化性质等方面存在较大差异,而且不同原料对不同加工工艺的适应性不同,因此不同的加工工艺对果蔬原料要求不同。

**1. 干制工艺**　要求原料含水量低、干物质含量高、干制后形态良好，如红枣、葡萄、枸杞、柿子、苹果、香蕉、杏、桂圆、山楂、辣椒、胡萝卜、食用菌等。

**2. 罐藏工艺**　要求原料新鲜饱满、成熟适度且一致、具有较好的色香味，肉质肥厚果芯小、质地致密纤维少、外形美观耐蒸煮，如苹果、梨、桃、杏、菠萝、山楂、橘子、番茄、芦笋、青刀豆、黄瓜、蘑菇等。

**3. 糖制工艺**　要求原料肉质肥厚、果胶和酸含量丰富、耐煮制，如苹果、梨、杏、李子、山楂、红枣、青梅、橄榄、草莓、冬瓜、胡萝卜、藕等。

**4. 腌制工艺**　主要是蔬菜的腌制，要求原料新鲜、水分含量低、干物质含量高、风味独特、质地紧密、粗纤维少，如白萝卜、芥菜、青菜头、苤蓝、黄瓜、茄子、莴笋、大白菜、甘蓝、胡萝卜、洋姜、豇豆、大蒜、辣椒等。

**5. 速冻工艺**　要求原料成熟度适中、肉质肥厚、质地紧密、耐煮制、冷冻后不变味，如桃、草莓、梨、樱桃、荔枝、哈密瓜、胡萝卜、青豆、芦笋、洋葱、马铃薯、蘑菇等。

**6. 制汁和酿造工艺**　要求原料糖分含量高、汁液丰富且易于取汁、具有典型的色香味，如橙子、橘子、葡萄、苹果、梨、桃、杏、菠萝、草莓、山楂、胡萝卜、番茄等。

## （二）原料的成熟度和新鲜度

果品蔬菜原料的成熟度不同，所含化学成分和组织结构不尽相同，对加工工艺的适应性也有很大差异。因此，不同的加工工艺，对原料的成熟度有不同的要求。

一般而言，蔬菜原料只要达到本品种固有的性状即可采收用于腌制；罐藏或制作果脯的原料，则要求七八成熟，此时原料果胶含量高、组织较硬、耐煮性好，而充分成熟的果实在煮制或杀菌时容易软烂；制作果汁、果酒则要求原料充分成熟，此时果实色泽好、香气浓郁、容易取汁，若成熟度较差则制品风味淡，且澄清困难；制作干制品的原料，有的要求充分成熟，有的则要求适度成熟。

新鲜、饱满、完整是果蔬加工对原料的基本要求。放置时间较长的原料，由于呼吸作用、蒸腾作用等生理活动造成失水萎蔫，新鲜度降低，严重的还会发生褐变、组织老化、粗纤维增多、风味物质损失等，甚至由于贮藏不当或机械损伤还会造成杂菌感染，从而降低原料的利用价值。因此，生产中果蔬加工要求从采收到投料的时间要尽量缩短，一般要求在 6～12 小时加工完毕。如果必须进行贮藏或长途运输，则应采取必要的低温保藏措施。同时，在采收、贮运过程中要防止机械损伤、日晒、雨淋、冻害等，以充分保证原料的新鲜和完整。

# 二、果蔬加工原料的预处理

果蔬加工原料的预处理包括挑选、分级、清洗、去皮、切分、修整、烫漂、护色等工序，完成这些预处理工序后，方可对果蔬进行深加工。

## （一）挑选和分级

进厂的原料大多含有杂质，且大小、成熟度不均匀，需要通过挑选剔除未成熟和过熟果、腐烂果、霉变果、虫蛀果等，同时剔除残留枝叶、沙石等杂物。对残次果或轻度损伤果可经修整后再利用。

挑选后按果蔬品质和大小进行分级。对干制品、速冻制品、罐藏制品等一般侧重按大小分级；对无须保持原料形态的制品，如果酒、果醋、果蔬汁、果酱等，则侧重以成熟度和色泽为主的品质分级。品质分级主要根据果实的成熟度和色泽进行目测，也可借助灯光或电子测定装置进行色泽分辨选择。在果汁和果酒的生产中，还可按照可溶性固形物的含量确定原料等级。对原料大小的分级有人工分级和机械分级 2 种方法,人工分级又称手工分级,是借助简单工具如苹果圆孔分级板、蘑菇大小分级尺、豆类分级筛等进行分级。机械分级设备有滚筒分级机、振动筛、分离输送机等,可根据具体情况选用。

## (二)原料清洗

清洗的目的是洗去果蔬原料表面附着的灰尘、泥沙、微生物以及部分残留的农药,保证产品清洁卫生。洗涤时常在水中加入盐酸、氢氧化钠、漂白粉、高锰酸钾等化学试剂,以更好地去除果蔬表面的农药残留、微生物和虫卵。近年来,一些脂肪酸系的洗涤剂如单硬脂酸甘油酯、蔗糖脂肪酸酯、磷酸盐、柠檬酸钠等应用于生产,洗涤效果良好。

果蔬清洗方法可分为手工清洗和机械清洗两类。手工清洗简便易行,成本低,适应范围广,但劳动强度大,生产效率低,对杨梅、草莓、樱桃、山药、叶菜类蔬菜等一些易损伤的果蔬此法较适宜。果蔬清洗的机械设备种类较多,有投资小、适合各类果蔬的洗涤水槽,有适合质地较硬、表面耐机械损伤的苹果、桃、李、杏、甘薯、马铃薯、胡萝卜等原料的滚筒式清洗机,以及加工番茄酱、柑橘汁等连续应用的高压喷淋式清洗机。在实际生产中,应根据生产条件、果蔬品种、污染程度以及加工工艺等选用。

## (三)果蔬去皮

除叶菜类外,大部分果蔬外皮较粗糙、坚硬,虽然含有一定的营养成分,但口感较差,对制品有一定的不良影响。因此,除了蔬菜腌制及某些果酱、果酒和果汁生产外,一般都要求去皮。果蔬去皮常用的方法有手工去皮、机械去皮、碱液去皮、热力去皮、酶法去皮等。

手工去皮是利用特制的刀、刨等工具进行人工削皮。此法去皮干净,损失率低,并兼有修整的作用,可同时进行去除果芯、果核、切分等操作。缺点是费工、费时，生产效率低，只适合小规模生产。

机械去皮是采用专门的机械，常见的去皮机械有适合于苹果、梨、菠萝、柿子等外形整齐的大型果品旋皮机；适合于马铃薯、甘薯、胡萝卜、荸荠等不规则原料的擦皮机；适合于不同原料的专用去皮机等。

碱液去皮是果蔬原料去皮中应用最广泛的方法，桃、李、杏、猕猴桃、甘薯、胡萝卜等均可用此方法去皮。其原理是利用碱液使表皮和表皮下的中胶层皂化溶解，从而使果皮脱离。碱液去皮常用的碱液有氢氧化钠、氢氧化钾、碳酸氢钠等，操作时应根据果蔬原料的种类、大小和成熟度，确定碱液浓度、碱液温度和处理时间。经碱液处理后的果蔬必须立即在冷水中浸泡、清洗，并反复换水淘洗，去除黏附的皮渣和余碱，漂洗至果蔬表面无滑腻感、口感无碱味为止。也可用 $0.25\% \sim 0.5\%$ 柠檬酸溶液浸渍数秒钟，中和残余碱液，再用清水漂洗。碱液去皮处理有浸碱法和淋碱法两种。浸碱法又分冷浸和热浸，生产上以热浸较常用。方法是将一定浓度的碱液装在特制容器(一般为夹层锅)中，用蒸汽加热至设定温度，投入果蔬并振荡使碱液分布均匀，浸泡一定时间后捞出搅动、摩擦去皮、漂洗干净。淋碱法是将热碱液喷淋于输送带上的果蔬上面，淋过碱的果蔬进入转筒内，边转动边冲水，果蔬在翻滚摩擦过程中完成去皮。桃、杏等果实去皮常用此法。

热力去皮的热源主要有蒸汽和热水。果蔬经短时间高温处理，表皮迅速升温而变得松软，果皮膨胀破裂并与内部果肉组织分离，然后迅速冷却完成去皮。此法适用于成熟度高的番茄、桃、杏、枇杷、甘薯等。蒸汽去皮一般采用近 100℃ 蒸汽，在短时间内使果蔬外皮松软，便于分离。具体的热烫时间，应根据原料种类和成熟度而定。以热水去皮时，一般在带有传动装置的蒸汽加热沸水槽中进行。果蔬经短时间热水浸泡后，用手工剥皮或高压冲洗去皮，如番茄在 95℃～98℃ 的热水中处理 10～30 秒钟,取出用冷水浸泡或喷淋后去皮。热力去皮原料损失少,色泽风味较好,但只适用于果皮易剥离的原料,而且要求充分成熟。

酶法去皮是利用果胶复合酶(果胶酶、纤维素酶和半纤维素酶)的作用,通过水解表皮及皮下组织,达到去皮的目的。酶法去皮条件温和且对环境友好,产品质量也较好,如将橘瓣浸渍在 0.5～15 克/升的果胶复合酶液中,在温度为 45℃～50℃、pH 值为 4.5 条件下酶解 1 小时,即可达到理想的去皮效果。

### (四)果蔬切分、去核、去芯、破碎

个体较大的果蔬原料,在罐藏、干制、腌制及加工果脯蜜饯时,为了使产品保持适当的形状,需要对果蔬进行切分。原料切分,有利于形成良好的产品外观和后续的加工处理,切分的形状和大小应根据产品标准和原料特性而定。切分的同时,还可对原料进行修整,并去除残留的果皮、斑点、虫疤、机械损伤等。红枣、金橘、梅等加工蜜饯时不需要切分,只需在周边划缝、刺孔。有些原料加工时还需去核(核果类)、去芯(仁果类),如桃、杏、李、苹果、梨、山楂等。桃的去核称"劈桃",沿缝合线用人工或劈桃机将桃分成两半,然后用勺形果核刀挖净果核。苹果、梨等纵切后用环形果芯刀去芯。山楂果核用圆筒形捅核器去除。无须保持果蔬原料形状的产品,如果酱、果汁、果酒等,加工前需对原料进行破碎。通过打浆机可得到黏稠细腻的果浆,适用于果酱、果糕、果肉饮料、果浆等产品;榨汁的可根据不同原料选用轧辊式破碎机、对辊式破碎机、锤片式破碎机等对原料进行破碎,葡萄酒生产则有专用的葡萄破碎去梗机。

### (五)烫 漂

除腌制外,供糖制、干制、罐藏、速冻的原料一般都需要烫漂处理,即将预处理过的果蔬原料投入沸水、热水或热蒸汽中进行短时

间的热处理。其目的在于钝化酶活力,防止酶促褐变,软化和改进组织结构,稳定和改进色泽,除去部分生青味、辛辣味和其他不良风味,并降低原料中污染物和微生物数量,但烫漂的同时会损失一部分营养成分和可溶性固形物。据报道,胡萝卜切片用热水烫漂1分钟矿物质损失10%,整根烫漂会损失7%,维生素C及其他维生素也有不同程度的损失。

　　常见的烫漂方法有热水烫漂和蒸汽烫漂。热水烫漂时水与原料接触密切,传热均匀,但耗水量大,营养成分和可溶性固形物损失较多。蒸汽烫漂不易均匀,但营养成分损失较少。烫漂设备有间歇式和连续式。间歇式一般用可倾式夹层锅,适合于小规模生产。连续式烫漂设备有连续浸水式烫漂机,用履带链条将原料以一定速度通过热水柜,水的温度由蒸汽阀门控制。连续蒸汽烫漂机则是通过螺旋推进器输送原料,热源为蒸汽。

　　果蔬烫漂程度应根据不同的原料种类、形状、大小、工艺等条件而定,通常在90℃~100℃条件下烫漂2~15分钟。一般应掌握将原料烫漂至组织透明、光亮度增加、软而不烂、半生不熟为原则。

## (六)工序间护色

　　果蔬原料去皮和切分后与空气接触会迅速发生褐变,影响产品外观和质量,这种褐变主要是酶促褐变,与酚类底物、酶活力和氧气有关。选择多酚物质含量低的原料,可减轻酶促褐变,但实际生产中酚类底物不可能完全去除,所以应从排除氧气和抑制酶活力两方面采取措施进行护色。在加工预处理中常见的护色方法主要有以下几种。

　　**1. 烫漂**　烫漂是护色最常用的方法,对于钝化酶活力有非常显著的效果,对于多数原料,特别是蔬菜,烫漂处理可收到明显的效果。

　　**2. 食盐水护色**　将去皮或切分后的果蔬浸泡于一定浓度的

食盐水中可起到护色作用。这是因为食盐对酶活力有一定的抑制和破坏作用,而且氧气在食盐水中的溶解度比空气小,所以有一定的护色作用。果蔬加工中常用1%~2%食盐水护色。

**3. 亚硫酸盐护色**　亚硫酸盐既可防止酶促褐变,又可抑制非酶褐变。常用的亚硫酸盐有亚硫酸钠、亚硫酸氢钠和焦亚硫酸钠等。

**4. 有机酸溶液护色**　有机酸既可降低 pH 值、抑制多酚氧化酶活性,又可降低氧气的溶解度并兼有抗氧化作用。常用的有机酸有柠檬酸、苹果酸和抗坏血酸,生产上一般采用0.5%~1%柠檬酸溶液,为了提高原料的耐煮性可同时用0.1%氯化钙溶液浸泡,既有护色作用,又能提高果肉硬度。

**5. 抽真空护色**　有些果蔬如苹果、番茄等,组织较疏松,含空气较多,易引起氧化变色,可采取抽真空处理。所谓抽真空是将原料置于糖水或无机盐水等介质中,在真空状态下,使表面和果肉内的空气释放出来,从而抑制多酚氧化酶的活性,防止褐变。

# 第二章 果蔬罐藏

果蔬罐藏是将果蔬原料预处理后密封在特制容器或包装袋中,通过杀菌工艺杀灭大部分微生物,使果蔬处于密闭和真空中,在室温条件下长期保藏的方法。用罐藏方法加工的食品称为罐藏食品,简称罐头。

## 一、果蔬罐藏容器

罐藏容器对于罐头食品的长期保存起着重要的作用,而容器材料又是关键。供作罐头食品容器的材料要求具有无毒、耐腐蚀、密封性好、耐高温高压、与内容物不发生化学反应、重量轻、价廉易得、不易变形、能耐机械化操作等特性。目前,生产上常用的果蔬罐藏容器分为金属罐和非金属罐两大类。金属罐使用最多的是镀锡铁罐(俗称马口铁罐)和涂料的镀锡铁罐(涂料罐),此外还有铝罐和镀铬铁罐。非金属罐中使用较多的是玻璃罐,此外还有塑料复合薄膜袋(也称蒸煮袋)。

### (一)马口铁罐

马口铁罐原料为两面镀锡的低碳薄钢板(俗称马口铁),由罐身、罐盖、罐底三部分焊接密封而成,称为三片罐;采用冲压而成的罐身与罐底相连的冲底罐,称为二片罐。有些罐头品种因内容物pH值较低,或含有较多的花色素苷,或含有丰富的蛋白质,需在马口铁与食品接触的一面涂上一层符合食品卫生要求的涂料,这种马口铁又称涂料铁。一般含酸量较多的果品采用抗酸涂料铁,含蛋白质丰富的食品采用抗硫涂料铁。抗酸涂料常用油树脂涂料,此涂料色泽金黄,抗酸性好,韧性及附着力良好;抗硫涂料常用环氧酚醛树脂,色泽灰黄,抗硫、抗油、抗化学性能好。各种蔬菜原料由于含有复杂的化学成分,易腐蚀镀锡薄板,生产中可根据蔬菜的腐蚀程度和特性,有针对性地选用抗酸、抗硫涂料罐。例如,番茄酱需采用抗酸涂料马口铁罐,花椰菜、甜玉米则需采用抗硫涂料马口铁罐。

## (二)玻璃罐

质量良好的玻璃罐应呈透明状,无色或微带青色,罐身应平整光滑、厚薄均匀,罐口圆而平整,底部平坦,罐身不得有严重的气泡、裂纹、石屑及条痕等缺陷,具有良好的化学稳定性和热稳定性,通常在加热或加压杀菌条件下不破裂。玻璃罐的样式很多,根据密封形式和所用罐盖的不同,主要分为卷封式、旋封式、抓封式和侧封盖式或套压式,目前使用最多的是四旋罐。玻璃罐的关键是密封部分,包括金属罐盖和玻璃罐口。四旋罐由马口铁罐盖、橡胶或塑料垫圈及罐口有螺纹线的玻璃罐组成,罐盖旋紧时罐盖内侧的盖爪与螺纹互相吻合而压紧弹性垫圈,达到密封的目的。

## (三)蒸煮袋

是由一种耐高压杀菌的复合塑料薄膜制成的袋状罐藏包装容器,俗称软罐头。蒸煮袋的特点是重量轻、体积小、易开启、携带方便、热传导快,可缩短杀菌时间,能较好地保持食品的色香味,在常温下贮存质量稳定,取食方便。

蒸煮袋包装材料一般采用聚酯、铝箔、尼龙、聚烯烃等薄膜借助胶粘剂复合而成,一般为3~5层,多者可达9层。外层是12微米厚的聚酯,起加固及耐高温作用;中层为9微米厚的铝箔,具有良好的避光性,防透气,防透水;内层为70微米厚的聚烯烃(早期用聚乙烯,目前大多用聚丙烯),有良好的热封性能和耐化学性能,能耐121℃的高温,符合食品卫生要求。

# 二、果蔬罐藏的主要原料

## (一)水果罐藏原料

对罐藏水果原料的要求,包括栽培品种和加工工艺两方面。栽培品种要求树势强健、结果习性良好、丰产稳产、抗逆性强等;工艺上以加工过程和成品质量标准为依据,为使成品具有一定的色、香、味,要求原料水果具备本品种特有的风味,且糖、酸含量适中。在成熟期方面,要求早、中、晚熟品种搭配,但常以中晚熟品种为主,这是因为中晚熟品种品质常优于早熟者,且有较好的耐藏性,可以延长工厂的生产周期。在成熟度方面,要求有适当的工艺成熟度,便于贮运、减少损耗、能经受工艺处理和达到一定的质量标准,这种成熟度往往稍低于鲜食成熟度,称之为"罐藏成熟度"。

水果罐藏的工艺过程大致为原料处理(包括洗涤、切分、去皮、去核、预煮、酸碱处理等)、装罐加糖液,再经排气、密封、杀菌和冷却,最后包装。其中原料处理和加热杀菌对原料有特殊要求,为了便于原料处理的机械化和自动化,要求果实形状整齐、大小适中;为避免预煮、酸碱处理和加热杀菌时果块组织溃烂导致汤汁浑浊,要求果肉组织紧密,具有良好的耐煮性。用于罐藏的水果原料主要有以下几种。

**1. 柑橘**　用于制取全去瓤衣和半去瓤衣的糖水橘片罐头,生产上以全去瓤衣品质为佳,由于工艺上须去皮和分瓤,应选用宽皮橘类。在橘片罐头主产国,日本、西班牙用普通温州蜜柑作原料,摩洛哥用克莱门丁(Clementine)红橘作原料,我国用温州蜜柑为主要原料,此外还有本地早、芦柑、四川红橘、朱红等品种。温州蜜柑中品系甚多,以中晚熟品种为好,早熟温州蜜柑瓤衣薄、果肉软易破碎,而且色浅味淡,不耐贮藏,成品白色沉淀较多,质量欠佳。

我国罐藏温州蜜柑优良品种有浙江的宁红、海红、石柑,湖南的涟源 73-696,四川的成风 12-1 及南方各地均有栽培的宫川、尾张等。本地早的罐藏适应性仅次于温州蜜柑,其优点为果肉硬度较好,果型大小和橘瓣大小适当,果肉色泽较深,成品白色沉淀较少。缺点为早熟且不耐贮藏,酸分较低、风味较淡、种子较多(种子重量占全果的 1.56%～1.88%),综合评价不及温州蜜柑。目前推广的少核优良罐藏本地早品种有浙江黄岩的新本 1 号和福建的黄斜 3 号等。

总之,用于罐藏加工的柑橘,要求剥皮容易,沙瓤紧密,色泽鲜艳,香味浓郁,糖分含量高,糖酸比合适。果实扁圆形、大小适中,果形指数(横径/纵径)在 1.3 以上,橘片近半圆形且整齐、容易分瓤,以无核为佳,果皮薄,橙皮苷含量低,果实横径 50～70 毫米(重 50～100 克),耐热力强,耐贮运,充分成熟。

**2. 桃** 糖水桃是世界水果罐头中的大宗商品,生产量和贸易量均居世界首位,年产量近百万吨,其中美国约占 2/3。桃的罐藏品种要求有以下几点。

(1)色泽 白桃应白色至青白色,果尖、合缝线及核洼处无花青素,白桃不含无色花青素。黄桃含有大量的类胡萝卜素,果肉金黄色至橙黄色,若稍有褐变也不如白桃明显,且具有波斯系及其杂交品种所特有的香气和风味,其品质优于白桃。

(2)肉质 肉质要求为不溶质。不溶质桃耐贮运及加工处理,生产效率高,原料损耗低。而溶质品种,尤其是水蜜桃,不耐贮运,加工中破碎多损耗大,生产效率低,成品常出现软塌、烂顶和毛边,质量较差。

(3)种核 种核应为黏核。黏核种肉质较致密,粗纤维少,树胶质少,去核后核洼光洁;离核种则相反。所谓的"罐桃品种"常指黄肉、不溶质、黏核品种。此外,罐藏用桃还要求果实横径在 55 毫米以上,个别品种可在 50 毫米以上,蟠桃 60 毫米以上;果形圆整,核小肉厚,可食率高;风味好,无明显涩味和异味,香气浓;成熟度接近成熟,单果各部位成熟一致,后熟较慢。我国用于罐藏的黄桃品种有黄露、丰黄、连黄、橙香、橙艳、爱保太黄桃和日本引进的罐桃 5 号、罐桃 14 号、明星等,另有不溶质白肉 60-24-7、京玉白桃、北京 24、大久保白桃、简阳白桃、白凤、新红白桃、白香水蜜桃、中州白桃、晚白桃等白桃,也可用于罐藏。

**3. 菠萝**　又名凤梨,是一种重要的罐藏原料。近年来菠萝罐头出口量呈逐年递增的趋势,主要出口美国、欧盟等市场,制品有圆片、扁形块、碎块和菠萝米等。菠萝的罐用品种要求果实新鲜良好,果实呈长筒形,横径 80 毫米以上,果芯小且居中心位置,纤维少,果眼浅,果肉黄色、半透明,风味浓,糖酸适合,无黑心、水泡、霉烂和褐斑等损伤和缺陷。果实在充分成熟时才能达到最好的风味和品质,供罐藏的果实在成熟时采收,不但能提高制品质量,而且还能获得较高的产量,充分成熟的果实应尽快加工。

菠萝的罐藏良种有无刺卡因(Smooth Cayenne)、沙劳越(Sarawak)、巴厘(Comtede Paris)等。另外,菲律宾、红色西班牙(Red Spanish)、皇后(Queen)、台湾种、本地种等也可作罐藏。

**4. 荔枝**　荔枝是我国特产水果,罐藏用品种的果实较大且圆整,要求果实横径在 28 毫米以上,个别品种可在 25 毫米以上,核小肉厚,果肉洁白而致密,风味正常,无开裂、流汁、干硬,糖分高、香味浓、涩味淡,无褐变或轻微褐变。罐藏品种以乌叶最佳,也可采用淮枝、陈紫、大造、上番枝、下番枝、尚书怀、桂味等品种。一般要求果实八九成熟时采收。

**5. 龙眼**　龙眼为我国南方特产佳果。罐藏要求果实大,横径在 24 毫米以上,个别品种可在 20 毫米以上,肉厚核小,肉质致密、乳白色,风味正常,不易褐变的品种。罐藏品种以福建泉州的福眼、厦门同安的水涨、福州的南圆种为好,此外还有东壁(糖瓜蜜)、石硖等品种。

**6. 苹果**　苹果不是重要的罐藏原料，也没有专用品种。一般要求果实大小适当，果实横径在 70 毫米以上，果形圆整，果肉致密呈白色或黄白色，果肉硬而有弹性，耐煮制，无明显的褐变现象，风味浓、香气好，成熟后果肉不发绵等。罐藏性能较好的有红玉和醇露等品种，国光、翠玉、青香蕉、青龙、印度、柳玉、凤凰卵等品种也可罐藏。此外，我国的小苹果类用来罐藏的有黄太平、白海棠和红铃果。一些肉质绵软的品种，煮制后肉淡红色或黄色均不适于罐藏。英国常用布瑞母里实生（Bramleys seedling）品种作罐藏品种，日本采用金帅、惠、红元帅等作罐藏品种。

**7. 梨**　罐藏梨要求果实中等大小，果面光滑，果实为圆形或梨形；果芯小，肉质细致，风味好，香味浓，石细胞与纤维少，肉白色；加工过程中无明显褐变，不具备无色花青素的红变现象；成熟适度，果肉硬度达 7.7～9.6 千克/厘米² （用顶尖直径 8 毫米的硬度计），耐贮运。巴梨（Bartlett）是西洋梨中供罐藏的专用品种，其他还有大红巴梨（Max-Red Bartlett）、拉·法兰西（La France）、秋福（Kieffer）、大香槟（Grand Champion）等品种均可罐藏。中国梨和日本梨因石细胞多和缺乏香气仅限于作内销产品，日本梨以长十郎为好，其他如廿世纪、菊水、八云、晚三吉、黄蜜、今村秋等也可少量加工；中国梨作罐藏的有莱阳的茌梨、河北的鸭梨、辽宁的秋白梨、河北赵县的雪花梨、延边的苹果梨等品种。

**8. 杏**　罐藏杏要求果实中大，横径 35 毫米以上，个别品种可在 30 毫米以上；果肉厚，肉质致密，粗纤维少，色泽黄亮，风味浓郁，耐煮制和运输，易去皮；成熟度适中，过熟会软烂而不耐加工处理；过青果实罐藏后有苦涩味。我国用的罐藏杏品种有辽宁的大红杏、大杏梅，河北的串枝红，河南的鸡蛋杏，山东的荷包榛、玉杏和北京的铁巴达、红桃、黄桃、老爷脸等。美国的罐藏杏品种有 Royal、Moorpork 和 Tilton 等。

**9. 猕猴桃**　罐藏用品种要求果实圆形或椭圆形，肉色黄白，风味酸甜适口,香味浓郁的无毛品种。有毛品种因果肉青绿、果芯大、籽多、味酸、成品色泽暗淡而不适于罐藏。我国各地选育的罐藏品种有江西的庐山79-2,奉新县的F-T-79-3,福建建宁县的D-13、D-15、D-16、D-25,此外还有从新西兰引进的海沃德(Hayward)、布鲁诺(Brono)罐藏适用性也比较好。

**10. 草莓**　选择果实中大且整齐、色泽鲜红、质地紧密、含糖量高、甜酸适口、耐煮性好的品种。采收以果实转色为宜,加工前需进行硬化处理,防止烂果。品种有群星等。

### (二)蔬菜罐藏原料

用作罐藏的蔬菜原料要求新鲜饱满,成熟适度且一致,具有较典型的色、香、味,肉质丰富,质地柔嫩细致,粗纤维少,无不良气味,无虫蛀、霉烂和机械损伤,耐高温处理。罐藏蔬菜原料的选择通常从品种、成熟度和新鲜度三方面考虑。罐藏用的蔬菜品种极其重要,不同产品有其特别适合于罐藏的专用种,对原料也有一些特殊的要求。如青刀豆应选择豆荚呈圆柱形、直径小于0.7厘米,豆荚直而不弯,无粗纤维的品种;蘑菇要采用气生型品种;番茄应选择小果型、番茄红素含量高的品种。蔬菜原料的成熟度对罐藏蔬菜色泽、组织、形态、风味、汤汁澄清度等有直接影响,不同蔬菜种类和品种要求有不同的罐藏成熟度,如豌豆罐头应选用幼嫩豆粒,蘑菇罐头应用不开伞的蘑菇,罐藏加工的番茄要求可溶性固形物含量5%以上、番茄红素含量也要达到相应水平。罐藏用蔬菜原料越新鲜,加工的质量越好,损耗率也越低。因此,从采收到加工间隔时间越短越好,一般不要超过24小时。有些蔬菜如甜玉米、豌豆、蘑菇、芦笋等应在采后2～6小时加工;时间过长,甜玉米、青豌豆粒的糖分就会转化成淀粉,风味变差,杀菌后汤汁变得浑浊。用于罐藏的蔬菜原料主要有以下几种。

**1. 番茄**　番茄果实色泽鲜艳、风味良好、营养丰富,用于罐藏加工有较长的历史,产品主要有整装番茄、番茄汁、番茄酱和调味番茄酱等。供罐藏的品种,要求果型中等,果面光滑,颜色鲜红且全果着色均匀,果肉丰实,果芯小,种子少,番茄红素、可溶性固形物及果胶含量高,酸度适中,香味浓且抗裂果。用作整番茄的果实,横径在 30~50 毫米之间为宜,生产番茄汁的选大果型为好,生产番茄酱等制品采用大果型与小果型混合搭配较好。许多国家都有自己的罐藏加工专用品种,如美国的 Pearson、Roma、Chico、H1370、Red Rock 和 Success,意大利的 Acc、San Marzano,日本的赤福 3 号、大罗马,匈牙利的 Kecskemet 262、K815、K529 等。我国用于罐藏的品种有红玛瑙 140、新番 4 号、佳丽矮红、罗城 1 号、罗城 2 号、北京早红、浦红 1 号、罗马、浙江 1 号、浙江 2 号、扬州红、奇果等。

**2. 芦笋** 芦笋也称石刁柏,是一种多年生宿根性植物,食用部分是其幼嫩带有细小鳞片的嫩茎。供罐藏加工的芦笋有两种类型:一种是在培土下生长的白色芦笋,在未形成叶绿素之前,于地下 15 厘米处切取,以肉质白嫩、气味清香者为上;另一种是长出地面的绿色芦笋,待其长至 10~15 厘米高时自地面切取。芦笋采收后组织变化很快,易发生弯曲和木质纤维化,采后应迅速加工处理。优良的罐藏品种要求植株生长旺盛,早熟、丰产、抗病;组织致密,粗壮幼嫩,乳白色或绿色,粗细一致,不弯曲,不开裂,无空心;肉质细嫩、纤维少,滋味、味道鲜美,没有苦味或苦味很少。目前,我国普遍采用的罐藏良种有美国的玛丽华盛顿(Mary Washington)和玛丽华盛顿 500,另外还有 Martha Washington、Schwetizinger Meisterchuss 等。

**3. 竹笋** 竹笋是我国特产,供罐藏的竹笋有冬笋和春笋。冬笋系未出土之前掘取,这时组织脆嫩,粗纤维少,肉质呈乳白色或淡黄色,味道鲜美,没有苦涩味,要求无病虫害、笋肉无损伤。春笋原料要求新鲜质嫩,肉质白色,笋体充实无明显空洞、无霉烂、无病虫害和机械伤,不畸形、不干缩。罐藏优良品种有产于福建、广东、广西、海南、台湾等地的绿竹笋和麻竹笋,浙江天目山区产的早竹笋、石竹笋及广笋,陕西秦岭以南和长江流域的毛竹笋和淡竹笋等。

**4. 蘑菇** 供罐藏的蘑菇要求伞球质地厚实,未开伞,色泽洁白,无异味,有蘑菇特有的香气。整菇罐头要求菌盖直径 18～40 毫米,菌柄切口平整,不带泥根,无空心,柄长不超过 15 毫米,菌盖直径 30 毫米以下的菌柄长度不超过菌盖直径的 1/2(菌柄从基部计算)。片菇和碎菇采用菇色正常、无严重机械损伤和病虫害的蘑菇,菌盖直径不超过 60 毫米,菌褶不得发黑。蘑菇采后极易褐变和开伞,故采收后到加工前的处理要及时,或用亚硫酸盐溶液进行护色,尽量减少暴露在空气中的时间。用于罐藏的品种均为白蘑菇,如浙农 1 号、上海白蘑菇(洋蘑菇)、嘉定 29 号、南翔 3 号、索密塞尔 11 号等。

**5. 四季豆** 又称青刀豆。罐藏要求四季豆新鲜饱满,色泽深绿,脆嫩无筋,豆荚横断面近似圆形,肉质丰富,成熟一致,豆荚不弯曲。主要的罐藏品种为美国的蓝湖(Bluelake),其他还有长箕(Extender)、顶簇(Topmost)、嫩荚(Tender crop)、嫩白(Tender white)和嫩绿(Tender green),意大利的丰收(Top crop)、纤绿(Slimgreen)和长荚白(Slender white),日本的黑三度和白三度,法国的旦冈(Digoin)和曲兰奔(Drabant),荷兰的阿姆保侬(Arnboy)、瓦尔雅(Valja)和马克西多尔(Maxidor)等也可作罐藏品种。我国供罐藏用的品种主要有小刀豆、棍儿豆、白子长箕、曙光等品种。

**6. 青豆(青豌豆)** 罐藏豌豆品种有两种类型,一种是光粒种,另一种是皱粒种。所谓皱粒种是指豌豆老熟干燥后的表现,在幼嫩时种皮保持光滑,此类品种成熟早,色泽保持好,风味香甜,但不及光粒种丰实。红花豌豆因种脐黑色,不宜用作罐藏。罐藏品种要求丰产,豆粒光滑饱满,质地鲜嫩,含糖量高,粒小有香气,色泽碧绿,种脐无色,植株上豆荚成熟一致。最有名的罐藏品种是阿拉斯加(Alaska),此外还有派尔范新(Perfection)、大绿537(Green Giants)及日本用冈山绵荚、白姬豌豆和滋贺改良白花等。我国生产上常用小青荚、大青荚、宁科百号等品种,还有中豌4号、中豌6号等品种。

**7. 甜玉米** 玉米有粉质和糖质两种类型,粉质玉米一般用作粮食和饲料,糖质玉米(甜玉米)主要用于罐藏加工。糖质玉米糖含量高,口感甜糯,所以称为甜玉米,甜玉米罐头有整粒、糊状或两者混合装罐等类型。罐藏要求甜玉米糖含量高,种粒柔嫩,风味甜香,耐煮,色泽金黄或白色,成熟度整齐一致。甜玉米从甜与柔嫩阶段到粗硬多淀粉阶段时间很短,要在适度成熟度及时采收,过嫩产品稀薄呈汤状;过熟则失去甜香风味,而且淀粉过多,质地老硬粗糙,品质劣变。采收后应及时加工,否则糖分较快转化,甜度降低,品质下降。罐藏甜玉米主要品种有Stowell's Evergeen、Country Gentleman、Golden Bantam 和 Croshy等,我国甜玉米罐藏品种有甜单1号、华甜5号、农梅1号和甜玉26等。

**8. 黄瓜** 黄瓜常加工成酸黄瓜罐头。罐藏黄瓜要求无刺或少刺,新鲜饱满,深绿色,瓜条顺直,组织脆嫩(种子尚未发育),横径30～40毫米,长不超过110毫米,粗细均匀,无病虫害及机械伤。常用黄瓜罐藏品种有哈尔滨小黄瓜和成都寸金子等。

# 三、果蔬罐藏加工技术

## (一)工艺流程

原料→预处理→装罐→排气→密封→杀菌→冷却→保温检验→包装→成品

## (二)操作技术要点

**1. 原料预处理**　一般要求原料具有典型的色、香、味,适宜的糖酸比,粗纤维少,大小适中,形状整齐。预处理主要包括分级、洗涤、去皮、切分、去芯、去核、修整、烫漂和护色等。

**2. 装　罐**

(1)罐藏容器准备　根据原料的种类、物理性质、加工方法、产品规格和要求以及相关规定,选用合适的容器。由于容器上附着灰尘、微生物、油脂等污物,为此在装罐之前必须进行洗涤和消毒。

(2)罐注液的配制　果品蔬菜罐藏,除了液态食品(果汁)、糜状黏稠食品(果酱)或干制品外,一般要向罐内加注汁液,称为罐注液、填充液或汤汁。果品罐头的罐注液一般是糖液,蔬菜罐头的罐注液多为盐水。罐注液的作用:一是改善罐头食品的风味,提高营养价值。二是有利于罐头杀菌时的热传递,升温迅速,保证杀菌效果。三是排除罐内大部分空气,提高罐内真空度,减少内容物的氧化变色。四是罐液一般都保持较高的温度,可以提高罐头的初温,提高杀菌效率。

①盐水配制　盐水大多采用直接配制法,配制时将食盐加水煮沸,除去泡沫,经过滤、静置,达到所需浓度即可。多数蔬菜罐头的盐水浓度为 $1\%\sim3\%$。

②糖液配制　我国目前生产的各类水果罐头,一般要求开罐时的糖液浓度为 $12\%\sim18\%$(折光计法),多数水果及少数蔬菜罐头装罐的糖液浓度按下式计算:

$$w_2 = \frac{m_3 w_3 - m_1 w_1}{m_2}$$

式中,$m_1$——每罐装入果肉量(克);

$\quad\quad m_2$——每罐加入罐注液量(克);

$\quad\quad m_3$——每罐净重(克);

$\quad\quad w_1$——装罐前果肉可溶性固形物含量(%);

$w_2$——需要配制糖液的浓度（％）；

$w_3$——开罐时要求糖液浓度（％）。

根据装罐所需的糖液浓度，直接称取白砂糖和水，在溶糖锅内加热搅拌溶解，煮沸、过滤，除去杂质，校正浓度后备用。

（3）装罐　装罐工艺：①原料经预处理后，应迅速装罐。②装罐时应力求质量一致，保证罐头食品的净重和固形物含量达到要求。③装罐时注意合理搭配，做到果蔬块型大小、色泽、块数、成熟度基本一致。④罐口保持清洁，不得受果蔬碎块、油脂、汤汁等污染，以保证封罐质量，同时严禁将杂物混入罐内。⑤必须控制一定的顶隙度。顶隙是指罐内食品表面至罐顶盖之间的距离，顶隙大小直接影响到食品的容量、卷边的密封性能、产品的真空度、铁皮的腐蚀、食品的变色、罐头的变形及腐蚀等。装罐时食品表面与容器翻边一般相距4～8毫米，待封罐后顶隙高度为3～5毫米。

根据产品的性质、形状和要求，装罐的方法可分为人工装罐和机械装罐2种。

**3. 排气**　排气是利用外力使罐内顶隙和内容物中的气体尽可能排除，从而在密封后顶隙内形成部分真空的过程。排气的目的在于防止或减轻罐藏食品在贮藏过程中出现罐内壁腐蚀，避免或减轻罐内食品色、香、味的不良变化和维生素等营养物质的损失，防止或减轻容器变形，加速杀菌时热的传递，抑制罐内好气性微生物的繁殖。目前，国内罐头工厂常用的排气方法有加热排气、真空封罐排气和蒸汽喷射排气3种。

（1）**加热排气法**　加热排气法的基本原理是，将装好食品的罐头（未密封）通过蒸汽或热水进行加热，或预先将食品加热后趁热装罐，利用罐内食品膨胀、食品受热时产生的水蒸气以及罐内空气本身受热膨胀而排除罐内空气。目前，常用的加热排气方法有热装罐法和排气箱加热排气法。热装罐法是将食品加热到一定温度趁热装罐并迅速密封的方法，该方法只适用于流体或酱状食品，或食品的组织形态不会因加热时的搅拌而遭到破坏的产品。排气箱加热排气法即食品装罐后将其送入排气箱内,在预定的排气温度条件下,经过一定时间的加热,使罐头中心温度达到 70℃～90℃,使食品内部的空气充分外逸。加热排气能使食品组织内部的空气得到较好的排除,获得一定的真空度,还能起到某种程度的脱臭作用。但是加热排气法对于食品的色、香、味有较大影响,对于某些水果罐头还有一定的软化作用,而且热量的利用率较低。

(2)真空封罐排气法　在封罐过程中,利用真空泵将密封室内的空气抽出,形成一定的真空度,当罐头进入封罐机的密封室时,罐内部分空气在真空条件下立即外逸,随之迅速卷边密封。该方法可在短时间内使罐头达到较高的真空度,因此生产效率很高,能满足各种罐头食品的排气,且能较好地保存果蔬中的维生素和其他营养成分,对于不宜加热的食品尤其适用。但这种排气法不能很好地将食品组织内部和罐头中下部空隙处的空气排除,封罐过程中易产生暴溢现象而造成净重不足,严重时还可产生瘪罐现象。

(3)蒸汽喷射排气法　这种排气法是向罐头顶隙喷射蒸汽,赶走顶隙内的空气后立即封罐,依靠顶隙内蒸汽的冷凝而获得罐头的真空度。蒸汽喷射排气封罐法适用于大多数加糖水或盐水的罐头食品,以及大多数固态食品或半流体食品。由于这种方法的喷蒸汽时间较短,罐内食品除表层外没有受到加热的影响,就是在食品表面所受到的加热程度也是极其轻微的。但这种方法不能将食品内部的空气以及食品间隙里存在的空气加以排除。

**4. 密封**　为保持高度密封状态,须采用封罐机将罐身和罐盖的边缘紧密卷合,即密封或封罐,也可称封口。由于罐藏容器的种类不同,罐头密封的方法也各不相同。

(1)马口铁罐密封　马口铁罐是目前罐头厂的主要罐藏容器,密封时将罐身的翻边和罐盖的圆边进行卷封,使罐身和罐盖相互卷合,然后压紧形成紧密重叠的卷边。在实罐密封时,应注意清除黏附在翻边部位的食品,以免造成密封不严。也可在加热排气之前进行预封,避免食品附着在罐口上。

(2)玻璃罐密封 玻璃罐的罐身是玻璃,罐盖一般为马口铁皮,是依靠马口铁皮和密封圈紧压在玻璃罐口而形成密封的,由于罐口边缘与罐盖的形式不同,其密封方法也不同。目前,采用的密封方法有卷边密封法、旋转式密封法、套压式密封法和抓式密封法等。

(3)蒸煮袋密封 作为生产软罐头的蒸煮袋,又称复合薄膜袋,一般采用真空包装机进行热熔密封,依靠内层的聚丙烯材料在加热时熔合成一体而达到密封的目的。热熔强度取决于蒸煮袋的材料性能,以及热熔合时的温度、时间和压力等因素。

**5. 杀菌** 罐头热力杀菌方法有常压杀菌和高压杀菌两类,前者杀菌温度低于100℃,后者杀菌温度高于100℃,高压杀菌根据所用介质不同又可分为高压水杀菌和高压蒸汽杀菌。此外,近年来超高压杀菌、微波杀菌等新技术也在不断出现。

(1)常压沸水杀菌 多用于糖水水果、果酱以及添加有机酸其pH值较低(pH值<4.5)的产品,因为这些食品具有一定的酸度,不利于微生物生长繁殖,可考虑较低的杀菌温度。

(2)高压蒸汽杀菌 低酸性食品,如大多数蔬菜罐头食品必须采用100℃以上的高温杀菌,为此加热介质通常采用高压蒸汽。杀菌过程中可通过调节进气阀和泄气阀保持锅内恒定的温度。

(3)高压水杀菌 此法特点是能平衡罐内外压力,对于玻璃罐而言,可以保持罐盖的稳定,同时能够提高水的沸点,促进传热。高压是由通入的压缩空气来维持,压力不同,水的沸点就不同。

**6. 冷却** 罐头在杀菌完毕后必须迅速冷却,否则罐内食品继续处于较高的温度,会使色泽、风味变劣,组织软化,甚至失去商品价值。此外,还能促进嗜热性细菌如平酸菌繁殖活动,致使罐头变质腐败,并加速罐头内壁腐蚀。因此,罐头食品杀菌结束应立即冷却,冷却的速度愈快,对食品质量的影响愈小。但是玻璃罐的冷却速度不宜太快,常采用分段冷却的方法,以免玻璃罐爆裂。罐头冷却的最终温度一般掌握在用手取罐不觉烫手(35℃～40℃)、罐内压力已降至正常为宜,此时罐头仍有一部分余热,有利于罐面水分的继续蒸发,罐头不易生锈。冷却方法有常压冷却和反压冷却2种。

(1)常压冷却　目前,罐头生产普遍使用冷水冷却的方法。常压杀菌的罐头可采用喷淋冷却和浸水冷却,喷淋冷却的效果较好。冷却用水必须清洁,符合国家饮用水卫生标准。

(2)反压冷却　反压冷却也叫加压冷却。高压水杀菌及高压蒸汽杀菌的罐头内压较大,需采用反压冷却,即向杀菌锅内注入高压冷水或高压空气,以水或空气的压力代替热蒸汽的压力,既能逐渐降低温度,又能使其内部的压力保持均衡的消降。

## (三)常见质量问题及控制措施

果蔬罐头在生产过程中,会因管理不善、工艺操作不当、成品贮藏条件不适宜等因素而出现质量问题。

**1. 罐头内容物腐败变质及控制**　由于物理、化学或微生物因素而引起罐头内容物败坏,包括胀罐、变色和变味、浑浊沉淀等。

(1)胀罐　正常情况下,罐头底盖呈平坦或内凹陷状,当出现底盖鼓胀现象时称为胀罐。

①物理性胀罐　罐头内容物装量太多,顶隙过小;加压杀菌后,消压过快,冷却过急;排气不充分或贮藏环境变化等。此种类型的胀罐,内容物一般未变质,仍可以食用。控制措施:严格控制灌装量,装罐时罐头顶隙大小要适宜,要控制在3～8毫米;提高排气时罐内的中心温度,排气要充分,封罐后能形成较高的真空度;加压杀菌后的罐头消压速度不能太快;控制罐头适宜的贮藏环境。

②化学性胀罐(氢胀罐)　高酸性食品中的有机酸(果酸)与罐头内壁(露铁)起化学反应产生氢气,内压增大从而引起胀罐。这

种胀罐虽然内容物有时尚可食用，但不符合产品标准，以不食为宜。控制措施：采用涂层完好的抗酸性材料制罐；防止空罐内壁受机械损伤，以防出现漏铁现象。

③细菌性胀罐　由于杀菌不彻底，或罐盖密封不严细菌重新侵入而分解内容物产生气体，使罐内压力增大而造成胀罐。出现这种胀罐的罐头已完全失去食用价值。控制措施：罐藏原料充分清洗或消毒，严格注意加工过程中的卫生管理，防止原料及半成品的污染；在保证罐头质量的前提下，对原料热处理必须充分，以杀灭产毒致病的微生物；在预煮水或填充液中加入适当的有机酸，降低罐头内容物的 pH 值，提高杀菌效果；严格控制封罐质量，防止密封不严；严格杀菌操作，保证杀菌效果。

(2)变色及变味　是由于果蔬中某些化学物质，在酶、罐内残留氧或金属容器的作用下，或因长期贮藏温度偏高，而产生的酶促褐变和非酶褐变所致。罐头内平酸菌（如嗜热性芽孢杆菌）的残存，会使食品变质后呈酸味；橘络及种子的存在，可使制品带有苦味。控制措施：选用含花青素及单宁低的原料；采用适宜的温度和时间进行热烫处理破坏酶的活性，排除原料组织中的空气；灌注时糖水要随用随配；加工过程中，防止果实与铁、铜等金属器皿直接接触；充分杀菌。

(3)罐内汁液浑浊和沉淀　加工用水中钙、镁等金属离子含量过高（水的硬度大）；原料成熟度过高，热处理过度；制品在运销中震荡过于剧烈，使果肉碎屑散落；罐头贮藏过程中受冻，化冻后内容物组织松散、破碎；微生物分解罐内食品。这些情况较轻微不严重影响产品外观品质时，则允许存在。控制措施：对加工用水进行软化处理；保证原料适宜的成熟度；避免产品运输中剧烈震荡；控制贮藏温度不能过低；严控杀菌和密封工艺操作。

**2. 罐藏容器的腐蚀**　影响罐藏容器腐蚀的主要因素有氧气、酸、硫及硫化物和环境湿度等。氧是金属强烈的氧化剂，罐头残留氧的含量,对内壁腐蚀起决定性作用,氧气量越多,腐蚀性越强;含酸量越多,腐蚀性越强;硫及硫化物混入罐制品中,易引起内壁硫化斑;贮藏环境湿度越高,越容易产生外壁生锈及腐蚀。控制措施:排气充分,适当提高真空度;填充液煮沸,以除去二氧化硫;对于含酸或含硫的内容物,容器内壁应采用抗酸或抗硫涂料;贮藏环境控制适宜的温湿度。

# 四、果蔬罐头生产实例

## (一)糖水梨罐头

**1. 工艺流程**

原料选择→去皮、护色→热烫→装罐→排气、封罐→杀菌、冷却→成品

**2. 操作技术要点**

(1)原料选择　选用成熟度在八成以上、果芯小、果肉组织致密、石细胞和粗纤维少、香味浓郁的原料,剔除病虫害、机械损伤和霉烂的果实。

(2)去皮、护色　用手工或机械方法去皮,去皮后立即浸入1%~2%食盐水中护色。将果实纵切成4瓣,挖净籽巢及梗蒂,修除斑疤及残留果皮,再放入清水中洗净。

(3)热烫　热烫时一定要沸水下锅,迅速升温,在微沸状态下保持8分钟左右,以煮透为止。热烫后立即投入流动水中冷却。

(4)装罐　趁热将果块装入已消毒的玻璃罐中,果块300克用糖水200克。糖水配制方法:75升水加25千克白砂糖,再加入150克柠檬酸,加热溶化后过滤备用。装罐时糖水温度控制在80℃以上。

(5)排气、封罐　采用热力排气,罐内中心温度80℃以上时密封。

（6）杀菌、冷却　封罐后，沸水浴杀菌 15～20 分钟，然后分段冷却至 38℃以下。

## （二）黄桃罐头

### 1. 工艺流程

原料选择→切块、挖核→去皮、漂洗→预煮→修整、装罐→排气、封罐→杀菌、冷却→成品

### 2. 操作技术要点

（1）原料选择　选择成熟度八至九成、新鲜饱满、无病虫害及机械伤、直径在 5 厘米以上的优质黄桃。

（2）切块、挖核　将黄桃沿合缝纵切成均匀的两半，立即浸于 2% 食盐水中护色。将切半黄桃块用挖核器挖去桃核，要挖得光滑且呈椭圆形，注意不要挖得太多或挖碎，可稍留红色果肉。挖核后及时浸碱，或浸于 2% 食盐水中护色。

（3）去皮、漂洗　将桃片核窝向下均匀地单层平铺于烫碱机钢丝网上，使果皮充分受到碱液冲淋。碱液浓度为 6%～12%，温度为 85℃～90℃，处理时间为 30～70 秒钟，随后用清水冲净碱液。

（4）预煮　将洗净碱液的桃块放入 0.1% 柠檬酸热溶液中，在 90℃～100℃条件下热烫 2～5 分钟，至桃块呈半透明状为度。热烫后立即用冷水冷却。

（5）修整、装罐　去除桃块表面斑点、残留皮屑。修整好的桃块按不同色泽、大小分开装罐，注意排放整齐，装罐量不低于净重的 55%。装罐后立即注入 80℃以上热糖水，糖液浓度为 25%～30%，并加入 0.1% 柠檬酸、0.03% 异抗坏血酸钠溶液。

（6）排气、封罐　在排气箱热力排气，至中心温度为 75℃时立即封罐，或抽真空排气，真空度为 0.03～0.04 兆帕。

（7）杀菌、冷却　在沸水中杀菌 10～20 分钟，然后分段冷却至 38℃左右。

## (三)清水蘑菇罐头

### 1. 工艺流程

原料→验收→护色处理→预煮→挑选、修整分级→分选、装罐、加汤→排气、密封→杀菌、冷却→成品

### 2. 操作技术要点

(1)原料选择 选择新鲜坚实、成熟适度、无伤害、菇径为18～40毫米、菇柄长度不超过菌盖直径1/2的未开伞蘑菇。

(2)护色处理 蘑菇采收后切除带泥根柄,立即浸于0.6％盐水或0.6％～0.8％柠檬酸溶液中。采收后若不能在3小时内快速运回厂加工,则必须用0.6％盐水浸泡,或用0.03％焦亚硫酸钠液洗净后浸泡运输,防止蘑菇露出液面。如果在产地,须将蘑菇浸在0.1％焦亚硫酸钠液5～10分钟,捞起装入薄膜袋扎口装箱运回厂,并要漂水30分钟后才能投产。

(3)预煮 蘑菇洗净后,放入夹层锅中用0.1％柠檬酸液沸煮6～10分钟,以煮透为准,液与菇之比为1.5∶1。预煮后立即将菇捞起,迅速用流水冷透。

(4)挑选、修整和分级 分整菇及片装级两种。泥根、过长菇柄或起毛、病虫害、斑点菇等应进行修整或剔除。选择颜色淡黄、具有弹性、菌盖厚实、形态完好的蘑菇作整菇罐头原料,按不同级别分开装罐,同罐中色泽、大小、菇柄长短应均匀一致。生产片菇的宜用直径19～45毫米的大号菇,分为18～20毫米、20～22毫米、22～24毫米、24～27毫米、27毫米以上及18毫米以下6个级别,装罐前必须将菇淘洗干净,同一罐中片的大小及厚薄应均匀一致,片厚为3.5～5毫米。开伞(色泽不发黑)脱柄、脱盖、菌盖不完整及有少量斑点的原料,可作蘑菇碎片罐头。

(5)配汤 盐水浓度为2.5％,加入0.1％柠檬酸后煮沸,过滤备用。盐液温度保持在80℃以上。

(6)装罐 按罐型规格定量装入整菇、片菇或碎菇,装完菇后

加满汤汁,并按规定留出顶隙。

(7)排气、密封　采用热力排气,罐内中心温度80℃以上时密封。

(8)杀菌、冷却　蘑菇罐头杀菌宜采用高温短时杀菌,在121℃条件下经25～35分钟杀菌,反压冷却至38℃左右。

# 第三章　果蔬制汁

　　果蔬制汁是以新鲜或冷藏果品蔬菜为原料,经挑选、清洗后,采用压榨、浸提、离心等物理方法制取果蔬汁液的过程,这样得到的果蔬汁一般称为天然果蔬汁或 100％果蔬汁。以天然果蔬汁为基础原料,加入糖、酸、色素、香精等经人工调制的产品称为果蔬汁饮料。天然果蔬汁与果蔬汁饮料在营养成分上有很大差别,前者为营养丰富的健康食品,而后者属于嗜好性饮料。

## 一、果蔬汁类型及对原料的要求

### (一)果蔬汁类型

　　**1. 根据浓度分类**　果蔬汁按照生产工艺和产品浓度可分为天然果蔬汁、浓缩果蔬汁、果怡(糖浆果汁)三大类。

　　(1)天然果蔬汁　天然果蔬汁是指采用物理方法从果品或蔬菜中压榨出的原果汁或蔬菜汁,也包括往浓缩果蔬汁中加入浓缩时失去的等量的水,复原而得的制品。天然果蔬汁的营养价值非常接近新鲜果蔬的营养价值,含有丰富的碳水化合物、维生素、矿物质和膳食纤维,且易被人体吸收利用。

　　(2)浓缩果蔬汁　浓缩果蔬汁是指采用物理方法从原果蔬汁中去除一定比例的天然水分后所得的果蔬汁制品,加水复原后具备天然果蔬汁应有的特征。浓缩倍数一般为 3～6 倍。

　　(3)果怡　果怡又叫糖浆果汁,一般为水果制品,是在原果汁中加入大量的糖或在糖浆中加入一定比例的果汁配制而成的产品,一般为高糖或高酸产品,可溶性固形物通常为45%～60%。

**2. 根据性状分类** 果蔬汁按照性状可分为透明果蔬汁和浑浊果蔬汁。

(1)透明果蔬汁 透明果蔬汁又称澄清果蔬汁,不含悬浮颗粒,外观呈清亮透明的状态,如澄清苹果汁、雪梨汁、葡萄汁、杨梅汁、草莓汁、芹菜汁、苦瓜汁等。

(2)浑浊果蔬汁 浑浊果蔬汁又称不澄清汁,它含有悬浮的细小颗粒。一般由橙黄色果实榨取制得,含有丰富的胡萝卜素,不溶于水,大部分存在于果汁悬浮颗粒中,如橙汁、橘子汁、菠萝汁、杏汁、杧果汁、胡萝卜汁、番茄汁、南瓜汁等。浑浊果蔬汁的色泽、风味、营养价值优于透明果蔬汁。

**3. 根据原料分类** 果蔬汁按照原料可分为果汁和蔬菜汁,果汁又可具体分为苹果汁、葡萄汁、草莓汁、梨汁、橙汁、猕猴桃汁、黄桃汁、木瓜汁、荔枝汁、山楂汁、蓝莓汁、菠萝汁等;蔬菜汁可分为胡萝卜汁、番茄汁、甘蓝汁、苦瓜汁、芹菜汁、菠菜汁、冬瓜汁、山药汁等。

## (二)果蔬汁饮料分类

**1. 稀释果蔬汁饮料** 以原果蔬汁(或浓缩果蔬汁)为基料,经糖、酸等调制而成的能直接饮用的制品,其中原果蔬汁含量不低于40%的称为鲜果蔬汁,原果汁含量不低于10%的称为果汁饮料,原蔬菜汁不低于5%的称为蔬菜汁饮料,原果汁含量不低于5%的称为果汁水。

**2. 带果肉果蔬汁饮料** 带果肉果蔬汁饮料又称果茶,是以原果蔬浆为基础原料,经糖液、酸味剂、食盐等调制而成的制品,其原浆含量不低于35%(以质量计),可溶性固形物含量不低于13%(折光计法)。

**3. 果粒果蔬汁饮料** 果粒果蔬汁饮料是指在原果蔬汁(或浓缩果蔬汁)中,加入小型果粒、柑橘类囊泡或其他切细的水果蔬菜颗粒,经糖液、酸味剂、食盐等调制而成的制品。

**4. 混合果蔬汁饮料** 混合果蔬汁又称复合果蔬汁,是指将2种或2种以上的果汁或蔬菜汁,经糖液、酸味剂、食盐等调制而成的制品。

**5. 发酵果蔬汁饮料** 果汁或蔬菜汁经乳酸发酵后所得汁液,经糖液、酸味剂、食盐等调制而成的制品。

### (三)果蔬汁加工对原料的要求

用于果蔬汁加工的原料要求新鲜、无霉变和腐烂,对原料的大小和形状无严格要求,但对成熟度的要求较严格,未成熟和过于成熟的果品、蔬菜均不适合进行果蔬汁加工。在品种方面,大多数仁果类、浆果类可加工成透明果汁,柑橘类和核果类可加工成浑浊汁、果肉果汁或果粒果汁。用于加工单一蔬菜汁的原料主要是胡萝卜和番茄,制成的蔬菜汁色泽鲜艳、营养丰富、风味独特。为了取得较好的风味,一般将蔬菜汁与某种果汁混合生产复合果蔬汁,南瓜、菠菜、芹菜、香菜、甜椒等均可作为复合果蔬汁的原料。

果蔬汁加工对原料的要求是,具有本品种典型的色泽和香气,且在加工过程中能保持稳定;营养丰富且在加工过程中损失率低;硬度适宜,过高或过低均影响取汁;具有适宜的糖酸比,用于加工果汁的果实含糖量一般为10%~16%,糖酸比为15~25∶1;不利成分含量低,如柑橘类果实中橙皮苷和柠碱含量高时产品苦味重,某些品种的苹果中多酚物质含量高,制汁过程中褐变严重,不宜采用。

# 二、果蔬汁加工技术

## (一)工艺流程

### 1. 澄清果蔬汁工艺流程

果蔬原料→预处理(挑选、分级、清洗、破碎、热处理、酶处理

等)→制汁(压榨、打浆、浸提)→粗滤→离心分离→澄清→精滤→调配→杀菌→包装

**2. 浑浊果蔬汁工艺流程**

果蔬原料→预处理(挑选、分级、清洗、破碎、热处理、酶处理等)→制汁(压榨、打浆、浸提)→粗滤→调配→均质→脱气→杀菌→包装

**3. 浓缩果蔬汁工艺流程**

果蔬原料→预处理(挑选、分级、清洗、破碎、热处理、酶处理等)→制汁(压榨、打浆、浸提)→过滤→调配→浓缩→杀菌→包装

## (二)操作技术要点

**1. 预处理** 原料的预处理包括挑选分级、清洗、破碎、热处理和酶处理等环节。

(1)清洗 原料清洗的目的是去除表面的尘土、杂物,减少微生物污染和农药残留,特别是带皮榨汁的原料,清洗尤为重要。清洗一般先将原料浸泡,然后再喷淋或用流动水冲洗。通过水的溶解作用、机械的冲刷作用、表面活性作用和化学作用,一般均能达到对原料清洗的目的。对于农药残留较多的果蔬,洗涤时适量加入稀盐酸溶液或脂肪酸系洗涤剂,然后用清水冲洗。对于微生物污染较重的原料,洗涤时用 0.1%～0.2%漂白粉或高锰酸钾溶液浸泡,然后用清水冲洗干净。此外,还要注意洗涤用水的清洁,不用重复的循环水洗涤。清洗可使用果蔬洗涤机,根据不同果蔬选用浸洗式、拨动式、喷淋式、气压式、超声波式等不同类型的洗涤机。

(2)破碎 破碎的目的是通过机械作用破坏果蔬的组织,使细胞壁发生破裂,以利于细胞中的汁液流出,获得理想的出汁率。果蔬破碎程度要适中,过大或过小都会影响出汁率,一般苹果、梨、菠萝等破碎成3～4毫米大小为宜,草莓、葡萄以 2～3 毫米为好,樱桃可破碎成 5 毫米,番茄等浆果则可适当大些,只需破碎成几块即

可。果蔬破碎一般用破碎机或磨碎机,常用对辊式、锥盘式、锤式、超声波破碎机或打浆机。不同种类的果蔬采用不同的破碎机械,如番茄、梨、杏宜采用锥盘式破碎机,葡萄等浆果类宜采用对辊式破碎机,生产带肉胡萝卜汁、桃汁、山楂汁等产品可采用打浆机。

（3）热处理和酶解　许多果蔬在破碎后取汁前要进行热处理,以利于色素物质和风味物质的渗出;促进蛋白质凝聚和果胶水解,降低汁液黏度便于取汁;钝化和抑制一些氧化酶的活力,防止氧化褐变;去除或减少某些果蔬的不良气味;杀死果蔬表面的部分微生物。热处理一般在管式换热器中进行,换热器由壳体、顶盖、管板、管束和支架组成,果浆和蒸汽或热水在不同的传热管中流过进行热交换,从而使果浆迅速升温。一般热处理条件为 60℃～70℃、15～20 分钟。酶解处理是向果浆中加入果胶酶、纤维素酶和半纤维素酶,以分解果肉组织中的果胶和纤维素,降低果汁黏度,以利于榨汁过滤,提高出汁率。添加酶制剂时,要使之与果肉混合均匀,根据原料品种不同,酶制剂用量通常控制在 0.03%～0.1%,作用温度为 40℃～50℃、时间为 60～150 分钟,具体条件应根据果蔬种类及酶制剂进行小样试验确定。

**2. 榨汁**　根据果蔬原料不同的质地、组织结构以及生产果汁的类型,采取相应的榨汁方式。常见果蔬榨汁有直接压榨、浸提压榨、打浆 3 种方式。

（1）直接压榨法　直接压榨法适用于柑橘、苹果、梨、葡萄、蓝莓、沙棘等大多数汁液含量高、易于压榨出汁的原料,主要设备为间歇式压榨机和连续式压榨机两类。间歇式榨汁机的代表是以液压为动力的杠杆式和裹包式榨汁机,将果浆加入到压榨室或布袋中,间歇式操作劳动强度较大,其优点是得到的果汁比较澄清,出汁率高,适用于澄清果蔬汁生产。连续式榨汁机的典型代表是螺旋榨汁机,可实现连续进料连续出汁,劳动强度较低,但是获得的汁液较浑浊,出汁率偏低,适用于浑浊果蔬汁生产。近年推出的带式榨汁机综合了杠杆式压榨机和螺旋式榨汁机的优点,既能连续操作又具有较高的出汁率,而且汁液较清,生产效率高。柑橘类榨汁则采用特定的榨汁机,常见的有布朗压榨机和安迪森压榨机,其方法是先将果实一切为二,然后经压榨盘压榨,果汁由挡板上的孔眼流出,果渣则从另一端排出。

(2)浸提压榨法　浸提压榨法适合于含水量较低或果胶、果肉含量较高的果蔬原料,如酸枣、红枣、乌梅、山楂、五味子等,有时苹果、梨等为了提高出汁率,也采用浸提工艺提取。浸提时先将果蔬原料进行碾压破碎,再加入适量的水,在 70℃～95℃ 条件下软化浸提 30～60 分钟,一般在夹层锅中进行。浸提结束后,用榨汁机压榨取汁,一般进行 2～3 次浸提。

(3)打浆法　打浆法适用于草莓、番茄、樱桃、杏、李、杧果、香蕉、木瓜等组织结构柔软、果肉含量高、胶体物质含量丰富的果蔬原料,是生产带肉果蔬汁或浑浊果蔬汁的必要工序。打浆机一般为刮板式,中间为带有浆叶的刮板,下部为筛网,孔径根据果浆泥的要求可以改变,一般为 1～3 毫米。果蔬由进料口进入机内,通过螺旋推进器送至刮板,刮板旋转的同时物料被捣烂,汁液和浆状果肉通过筛孔进入下道打浆,果渣则由出渣浆叶排出出渣口。

**3. 过滤**　榨汁后要立即进行粗过滤,又称筛滤。对于浑浊果蔬汁,主要是去除分散于果蔬汁中的粗大颗粒和悬浮物,同时又保存色粒以获得典型的色泽、风味等。对于澄清果蔬汁,粗滤后还要进行精滤,或先进行澄清处理后再过滤,以除去全部悬浮颗粒。生产中,粗滤可在压榨中进行,也可以在榨汁后作为一个独立的操作单元,在不同型号的筛滤机或振动筛中进行。

**4. 果蔬汁调配**　为了适应消费者的饮用习惯,改进果蔬汁口感,保持产品风味的稳定性,需要对果蔬汁中的糖、酸等成分进行调整,一般成品果蔬汁糖酸比为 13～18：1。果蔬汁调整可利用不同产地、不同成熟期、不同品种的果蔬汁进行调整,达到取长补短的目的。还可先用少量果蔬汁将糖溶解,加入到果蔬汁中进行糖的调整,再经测定酸度后以柠檬酸等进行酸的调整。

**5. 澄清** 果蔬汁澄清和精滤是生产澄清果蔬汁的特有工艺。澄清的原理就是利用电荷中和、脱水和加热等方法,促使果蔬汁胶体颗粒聚集并沉淀而除去,常见的澄清方式有以下几种。

(1)自然澄清 自然澄清又称静置澄清,是将果蔬汁置于密闭容器中,经 15～20 天或更长时间静置,使悬浮物沉淀。与此同时,果胶质也逐渐水解,果蔬汁黏度降低,蛋白质和单宁也会逐渐形成沉淀,从而使果蔬汁澄清。此法简便易行,但果蔬汁在长时间静置过程中,容易发酵变质,所以必须将果蔬汁置于低温环境并添加适量防腐剂。

(2)加热澄清 加热澄清是将果蔬汁在 80～90 秒钟瞬间加热至 80℃～82℃,然后急速冷却至室温并于密闭容器中静置。由于温度的剧变,果蔬汁中蛋白质和其他胶体物质变性凝固析出,从而达到澄清的目的。但由于有加热过程,会损失一部分芳香成分。

(3)冷冻澄清 冷冻澄清是将果蔬汁急速冷冻,使胶体浓缩脱水,改变胶体性质,一部分胶体溶液完全或部分被破坏而变成不定型的沉淀,在解冻后除去;另一部分保持胶体性质的可用其他方法除去。此法特别适用于苹果汁、葡萄汁、酸枣汁、沙棘汁和柑橘汁等雾状浑浊的果蔬汁。一般冷冻温度为 $-20℃～-18℃$。

(4)酶法澄清 酶法澄清是利用果胶酶制剂水解果蔬汁中的果胶物质,使其他胶体失去果胶的保护作用而共同沉淀,以达到澄清的目的。通常所说的果胶酶是指分解果胶的多种酶的总称,其中包括了纤维素酶和微量淀粉酶。酶制剂澄清所需的时间,取决于温度、果蔬汁种类、酶制剂的种类和数量,一般酶制剂用量为每吨果蔬汁加干酶制剂 0.2～1 千克,作用时间为 60～150 分钟。实际生产中,果胶酶的用量应预先通过试验确定。

(5)澄清剂澄清 澄清剂澄清是向待处理果蔬汁中加入具有

不同电荷性质的添加剂,使其发生电荷中和、凝聚等带动沉淀物下沉达到澄清的目的。常用的澄清剂有食用明胶、硅胶、单宁、膨润土、海藻酸钠、琼脂、蜂蜜、PVPP(聚乙烯吡咯烷酮)等。澄清剂还可以与酶制剂结合使用,如苹果汁的澄清,先用酶制剂作用30分钟后加入明胶,在20℃条件下进行澄清,效果较好。

(6)离心澄清 离心澄清是在离心机中进行的,将果蔬汁送入离心机的转鼓后转鼓高速旋转,一般转速在3 000转/分以上,在离心力的作用下实现固、液分离,达到澄清目的。该法对含粒子不多的果蔬汁具有一定的澄清效果,也可用于超滤澄清的预澄清。

**6. 精滤** 果蔬汁澄清过后必须经过精滤,以除去浑浊或沉淀物质,从而得到澄清透明且稳定的果蔬汁。常用的精滤方法有压滤和真空过滤,过滤介质有石棉和硅藻土。

(1)压滤 压滤是使待过滤果蔬汁流经一定的过滤介质形成滤饼,并通过机械压力使汁液从滤饼流出,达到与果肉微粒和絮状物分离的目的。常用的过滤设备有板框过滤机和硅藻土过滤机,板框过滤机采用预先成型的石棉饼作过滤层,当过滤速度明显变慢时需更换石棉饼。硅藻土过滤机以硅藻土作为助滤剂,过滤时将硅藻土添加到浑浊果汁中,经过反复回流,使硅藻土沉积在滤板上形成滤饼层,其厚度一般为2~3毫米。

(2)真空过滤 真空过滤是在过滤滚筒内产生一定的真空度,一般在84.6千帕左右,利用压力差使果蔬汁渗过助滤剂,从而得到澄清果蔬汁。

**7. 均质** 果蔬汁的均质和脱气是生产浑浊果蔬汁的特有工艺。生产浑浊果蔬汁时,由于其中含有大量的果肉微粒,为了防止这些微粒与汁液分离而影响产品外观,并进一步提高果蔬汁的细度、口感和均匀性,需要进行均质处理。均质是将果蔬汁通过均质设备,使制品中的细小颗粒进一步破碎,并使粒子大小均匀,使果胶物质和果蔬汁高度亲和,保持制品的均一浑浊状态。均质一般在成分调整后进行,常用的均质设备为高压均质机。一般将待均质的果蔬汁先经胶体磨处理,使颗粒细化至 2～10 微米,再送入高压均质机,物料在高压均质机的均质阀中发生细微化和均匀混合过程,可以使物料微粒细化至 0.1～0.2 微米。超声波均质机是近年来发展的一种新型均质设备,其作用原理是利用强大的空穴作用力,产生絮流、摩擦、冲击等而使粒子破碎。

**8. 脱气** 果蔬组织间隙存在着大量的空气,而且在原料的破碎、取汁、均质、搅拌、输送等工序中又混入大量的空气,所以必须进行脱气处理。脱气的目的是脱除果蔬汁中的氧气,防止或减轻果蔬汁中的色素、维生素、芳香物质和其他成分的氧化损失;除去附着于悬浮颗粒表面的气体,防止装瓶后固体物质上浮至液面;减少灌装和杀菌时产生泡沫;减少对金属容器内壁的腐蚀。最常见的脱气方法是真空脱气法,其原理是将果蔬汁送入真空脱气机,被喷成雾状或分散成液膜,使果蔬汁中的气体迅速逸出。真空脱气机的喷头有喷雾式、离心式和薄膜式 3 种,无论哪种形式其目的均在于增加果蔬汁的表面积,提高脱气效果。一般在真空度为 0.08～0.093 兆帕、温度为 40℃ 左右时进行脱气,可脱除果蔬汁中 99% 的空气。在真空脱气过程中,果蔬汁中的芳香物质和部分水分也被脱除,为了减少香气损失,可以安装香气回收装置,将回收的冷凝液回加到果蔬汁中。

**9. 浓缩** 果蔬汁浓缩是生产浓缩果蔬汁的特有工艺。浓缩果蔬汁是在澄清汁或浑浊汁的基础上脱除大量水分,使果蔬汁体积缩小、固形物浓度提高至 40%～65%,酸度也随之增加到相应的倍数。理想的浓缩果蔬汁在稀释和复原后,应与原果蔬汁的风味、色泽、口感等高度接近。生产上常用的浓缩方法有以下几种。

(1)真空蒸发浓缩 真空蒸发浓缩是通过负压降低果蔬汁的沸点,使果蔬汁中的水分在较低温度下快速蒸发,由此可提高浓缩效率,减少热敏性成分的损失,有利于保证产品的品质。真空浓缩设备由蒸发器、真空冷凝器、香气回收设备和其他附属设备组成，应用较多的是降膜式浓缩设备。果蔬汁由加热器顶部进入，经料液分布器均匀地分布于管道中，在重力作用下以薄膜形式沿管壁自上而下流动，从而达到蒸发浓缩的目的。为了提高浓缩效率，有效利用热能，一般将几个蒸发器串联在一起形成多效蒸发器，应用较多的是三效蒸发器。

（2）冷冻浓缩　果蔬汁的冷冻浓缩是根据冰晶与水溶液的固、液相平衡原理，将果蔬汁中的水分以冰晶体形式排除。其过程包括 3 个步骤，即结晶（冰晶的形成）、重结晶（冰晶的成长）、分离（冰晶与液相分离）。冷冻浓缩避免了热力和真空的作用，挥发性芳香物质损失少，产品质量较高，而且能耗低。但冷冻浓缩效率较低，难以将果蔬汁浓缩至 55％ 以上，而且除去冰晶的同时还会带走部分果蔬汁而造成损失。此外，冷冻浓缩不能破坏微生物和酶的活力，浓缩汁还必须再经杀菌处理或冷冻保藏。

（3）反渗透浓缩　反渗透技术是一种膜分离技术，借助压力差将溶质与溶剂分离，在果蔬汁生产上常用于预浓缩。与蒸发浓缩相比，反渗透浓缩的优点是不需加热，常温条件下浓缩不发生相变，挥发性芳香成分损失少，而且在密闭管道中进行不受氧气的影响。

**10. 杀菌灌装**　果蔬汁中存在着大量微生物，它们会引起产品腐败变质，而且果蔬汁中还存在着各种酶，会使制品的色泽、风味和形态发生变化，所以杀菌过程就显得十分重要。

（1）传统灌装杀菌方式　传统灌装杀菌方式是先将产品加热至 80℃ 以上，趁热灌装并密封，然后在热蒸汽或沸水浴中杀菌一定时间，冷却至 38℃ 以下即为成品。果蔬汁杀菌对象主要是好氧性微生物，如酵母菌和霉菌，一般巴氏杀菌条件（80℃、30 分钟）即可将其杀灭。但对浑浊果蔬汁而言，在此温度和加热时间条件下，容易产生煮熟味，色泽和香气损失较大。

（2）高温短时间杀菌　高温短时杀菌（HTST）或超高温瞬时

杀菌(UHT),是在未灌装之前,直接对果蔬汁进行短时或瞬时加热,由于加热时间短,对产品品质影响较小。pH 值低于 4.5 的产品,可采用高温(85℃～95℃)短时间杀菌(15～30 秒钟),也可采用超高温(130℃以上)瞬时杀菌(3～10 秒钟)。pH 值高于 4.5 的低酸性产品,则必须采用超高温杀菌。超高温瞬时杀菌设备有板式灭菌系统和管式灭菌系统两大类,一般要配合使用热灌装或无菌灌装设备。

(3)热灌装　果蔬汁经高温短时杀菌或超高温瞬时杀菌,趁热灌入已预先消毒的洁净瓶内或罐内,趁热密封,倒置杀菌,然后冷却。目前,较常用的果蔬汁灌装条件为 135℃、3～5 秒钟杀菌,85℃以上热灌装,倒置杀菌 10～30 秒钟,冷却至 38℃。

(4)无菌灌装　果蔬汁无菌灌装是指将经过超高温瞬时杀菌的果蔬汁,在无菌的环境中,灌入经过杀菌的容器中。无菌灌装产品可以在不添加防腐剂、非冷藏条件下保存较长时间,一般在 6 个月以上。无菌条件包括果蔬汁无菌、容器无菌、灌装设备无菌和灌装环境的无菌。果蔬汁无菌是靠超高温瞬时杀菌。包装容器无菌是采用过氧化氢、乙醇、二氧化氯、紫外线、超声波、加热杀菌等方法,生产中可根据容器材料而定。灌装环境可利用高效空气滤菌器处理,以达到所需卫生标准。灌装过程中要保持整个系统的正压,果蔬汁所流经的均质机、输送泵、热交换器、管道阀门等要保证密封良好,操作结束后采用原位自动清洗系统(CIP)装置对整个灌装系统进行清洗杀菌。

# 三、常见质量问题及控制措施

## (一)果蔬汁败坏

### 1. 微生物败坏

(1)细菌败坏　细菌败坏主要是由乳酸菌、醋酸菌、丁酸菌等引起的,多发生在苹果、梨、柑橘、葡萄、胡萝卜等果蔬汁中。细菌在厌氧条件下迅速繁殖,对低酸性果汁具有极大的危害,常引起浑浊、沉淀、变色、变味等质量问题。

(2)酵母菌败坏 引起果蔬汁败坏的另一类微生物是酵母菌,可引起果蔬汁发酵产生大量二氧化碳,使糖度降低酸度升高,并发生胀罐,严重时甚至会使容器破裂。

(3)霉菌败坏 某些霉菌的孢子耐热性强,如杀菌不彻底,可导致果蔬汁霉变。红曲霉、拟青霉等会破坏果胶,改变果蔬汁原有酸味并产生新的酸味物质,导致果蔬汁风味劣变。

针对微生物引起的败坏,最有效的预防措施是选用新鲜、无霉变、无病虫害的原料,尽量缩短原料预处理时间,避免造成半成品积压,建立完善的清洗消毒制度,严格控制生产环境、设备管道、容器工具及操作人员的清洁卫生,加强果蔬汁的杀菌和灌装操作,严防各个环节可能造成的微生物污染。

**2. 化学败坏** 化学败坏主要是果蔬中各种化学成分之间,或果蔬化学成分与其接触的包装材料成分之间发生的氧化、还原、化合、分解等各种化学反应所引起的败坏。例如,维生素 C 被氧化减少、绿色素在酸性条件下褪色等都属于不同程度的化学败坏,酸性果蔬汁还会与马口铁罐或罐盖裸露的铁反应,造成腐蚀并产生氢气而胀罐甚至泄露。防止化学败坏,应严格控制果蔬汁的加热、杀菌等操作,取汁前加强护绿措施,加强对包装材料的检验,剔除因损伤破坏涂层的包装材料。

**3. 物理败坏** 物理败坏主要是指由温度、压力、光照等物理因素引起的果蔬汁品质变化,如果蔬汁受冻引起沉淀和风味变化、受热引起营养成分损失等;果蔬汁成品受外界压力变化引起的变形、胀罐或瘪罐等;透明包装的果蔬汁产品受光线照射引起的变色等。因温度和光照会引起或加速化学变化,所以物理败坏与化学败坏有着密切的联系。防止物理败坏,应加强产品的贮存和运输管理,避免贮运过程中温度大起大落和搬运过程中撞击,还要采取措施避光。

## (二)果蔬汁褐变

**1. 果蔬汁酶促褐变**　在果蔬组织内含有多种酚类物质和多酚氧化酶,在加工过程中,由于组织破坏和与空气接触,使酚类物质被多酚氧化酶氧化,生成褐色的醌类物质,使果浆或果蔬汁色泽由浅变深,甚至呈黑褐色。防止酶促褐变措施:一是通过工序中的加热处理,在一定程度上钝化多酚氧化酶的活力,一般采用70℃~80℃、3~5分钟或95℃~98℃、30~60秒钟进行热处理。二是在破碎等工序添加维生素C或异抗坏血酸钠等抗氧化剂,抑制酶的活力。三是包装前进行脱气处理,包装隔绝氧气,生产过程中减少与空气的接触,杀菌要彻底。

**2. 果蔬汁非酶褐变**　果蔬汁非酶褐变,是指果蔬汁中的还原糖与氨基酸之间发生美拉德反应而生成深色物质的变化。常见防止方法有控制果蔬汁 pH 值在 3.3 以下;尽量避免过度的热力杀菌;产品贮藏在较低温度条件下。

**3. 果蔬本身所含色素的变化**　果蔬所含色素主要有叶绿素、类胡萝卜素、花青素等,这些色素物质对光、热、pH 值等非常敏感,在加工和产品贮运过程中容易发生颜色变化。例如,叶绿素在酸性条件下,其中的镁离子被氢离子取代,生成脱镁叶绿素,变成褐色。花青素在光照和加热过程中也发生褪色,颜色逐渐消失。防止方法主要有加工过程中避免与金属离子接触;尽量减少半成品和成品的受热时间,避光贮运;控制 pH 值在 3.3 以下。也可从护色角度进行控制,如将清洗后的绿色蔬菜在稀碱液中浸泡 30 分钟或在 0.05%~0.1%碳酸氢钠溶液中烫漂 2 分钟,达到护绿效果。

## （三）果蔬汁变味

**1. 微生物引起的变味**　果蔬原料中含有大量的微生物，加工过程中如操作不当也会受到微生物的污染。例如，细菌中的枯草杆菌污染可引起馊味；乳酸菌和醋酸菌发酵可引起各种酸味；丁酸菌发酵可引起臭味；酵母菌和霉菌污染可引起各种霉味。针对微生物引起的变味，应严格控制生产环境和各个工序的清洁卫生，并进行有效的杀菌操作。

**2. 柑橘汁的变味**　柑橘类产品如加工处理不当，会引起各种变味。一是"煮熟味"。由于柑橘属于热敏性很强的果品，杀菌温度过高或时间过长，易生成羟甲基糠醛而产生"煮熟味"。二是苦味。柑橘果实中的白皮层、种子、中心柱中含有黄烷酮糖苷类物质，容易形成后苦味混在柑橘汁中。三是萜烯味。在柑橘加工过程中，外果皮中的芳香油过多地带入而产生松节油味。防止柑橘类果汁变味的措施：选择含苦味物质少的品种，并适当提高采收成熟度；采用适宜的杀菌方法，以瞬时杀菌为好；先提取芳香油，再进行榨汁，榨汁时避免压破白皮层、种子、中心柱等组织；采用聚乙烯吡咯烷酮、尼龙-66 等吸附剂吸附苦味物质；添加蔗糖、β-环状糊精等物质提高苦味阈值，可起到掩蔽苦味的作用。

## （四）果蔬汁浑浊和沉淀

**1. 澄清果蔬汁的浑浊和沉淀**　澄清果蔬汁如苹果汁、葡萄汁等要求汁液清亮透明，但有时在贮藏或销售期间常出现浑浊和沉淀现象。引起澄清果蔬汁浑浊和沉淀的主要原因是加工过程中澄清处理不当，杀菌不彻底或后期受到微生物污染，由于微生物活动产生多种代谢产物，从而导致浑浊沉淀；果蔬汁中的悬浮颗粒以及易沉淀的物质未充分除去，在杀菌后贮藏期间也会引起沉淀；加工用水未达到标准，金属离子与果蔬汁中的某些物质发生反应产生沉淀；香精水溶性差或用量过大，从果蔬汁中分离出来也会引起沉淀。澄清果蔬汁出现浑浊和沉淀等原因是多方面的,生产中要根据具体情况采取相应的措施。在加工过程中严格控制澄清和杀菌操作,是防止果蔬汁浑浊和沉淀的重要保障。

**2. 浑浊果蔬汁的沉淀和分层** 引起浑浊果蔬汁产生沉淀和分层的原因主要是果蔬汁中残留的果胶酶继续水解果胶,使汁液黏度下降,引起悬浮颗粒沉淀;微生物繁殖分解果胶,并产生导致沉淀的物质;加工用水中的盐类与果蔬汁的有机酸反应,破坏体系的 pH 值和电性平衡,引起胶体及悬浮物质的沉淀;所含果蔬颗粒太大或大小不均匀,在重力作用下沉淀;果蔬汁中的气体附着在果肉颗粒上,使颗粒的浮力增大,引起果蔬汁分层;香精的种类和用量不合适,引起沉淀和分层。导致浑浊果蔬汁沉淀和分层的原因还有很多,生产中要根据具体情况进行预防和处理。在榨汁前后对果蔬原料或果蔬汁进行加热处理,破坏果胶酶的活性,严格均质、脱气和杀菌操作是防止浑浊果蔬汁沉淀和分层的主要措施。

### (五)果蔬汁掺假和农药残留

自从果蔬汁工业化生产以来,掺假就一直未被杜绝,其直接目的就是为了降低生产成本,获取更多利润。果蔬汁掺假表现为直接加水降低果蔬汁浓度和添加一些非果蔬成分的物质以弥补果蔬汁浓度的不足。发达国家已经对果蔬汁掺假问题进行了比较系统的研究,制定了一些果蔬汁的标准成分和特征性指标的含量,通过分析果蔬汁及饮料样品的相关指标的含量,并与标准参考值进行比较,即可判断果蔬汁及饮料产品是否掺假,如利用特征氨基酸的含量与比例作为柑橘汁是否掺假的检测指标。此外,还可通过感官评定,包括对果蔬汁外观、色泽、香气、风味等感官特性的评定,来评判果蔬汁是否掺假。

果蔬汁农药残留日益引起消费者的关注。农药来源于果蔬原料自身,是由于果园和菜园管理不善,未严格执行农药安全使用规定,滥用农药或违禁使用一些剧毒、高残留农药造成的。通过加强园区管理,减少或不使用化学农药,以绿色或有机农产品的标准进行生产,是完全可以避免或减少农药残留发生的。此外,果蔬原料在清洗时,应根据情况选择一些适当的酸性或碱性洗涤剂,有助于降低农药残留。

# 四、果蔬汁生产实例

## (一)苹果汁

苹果主要用于制取澄清果汁,也可用于生产带肉果汁,但极少用于生产普通的浑浊果汁。

**1. 工艺流程**

原料→清洗→破碎→压榨→精滤→澄清→调整→杀菌→灌装→成品

**2. 操作技术要点**

(1)原料选择 选用糖分含量高、汁液丰富、香味浓郁的品种,果实成熟度适中,无腐烂、无病虫害、无机械损伤。

(2)清洗 先适当浸泡再清洗,可人工清洗也可机械清洗,为加强洗涤效果,可在洗涤用水中加入0.5%氢氧化钠或0.2%洗涤剂。

(3)破碎压榨 用苹果磨碎机或锤式破碎机将苹果破碎至3～8毫米大小的碎块,然后用压榨机压榨。可用连续液压传动压榨机,也可用板框式压榨机或螺旋连续压榨机。

(4)过滤澄清 压榨得到的苹果汁用硅藻土过滤机进行过滤。采用明胶单宁法澄清,明胶用量0.2克/升,单宁用量0.1克/升,加入后于10℃～15℃条件下静置6～12小时,取上清液和下部沉淀分别过滤。

(5)杀菌灌装 采用85℃、15分钟的巴氏杀菌,或103℃、5～

10 秒钟的超高温瞬时杀菌方式,然后进行热灌装或无菌灌装。

## (二)柑 橘 汁

柑橘类果品如甜橙、柚子、橘子、柠檬等均为常见的制汁原料,其制品为典型的浑浊果汁。

**1. 工艺流程**

原料→清洗分级→压榨→过滤→调整→均质→脱气→去油→杀菌→灌装→冷却→成品

**2. 操作技术要点**

(1)原料选择　选择优质、成熟的柑橘类果实,基本要求是含糖量高,风味突出。

(2)清洗分级　一般采用喷水冲洗或流动水冲洗,对于农药残留较多的果实,可先用含洗涤剂的水浸泡,再用清水冲洗。洗涤后剔除病虫害果、未成熟果、受损伤果及杂质等,并根据果实大小分级。

(3)榨汁　柑橘类果实分级后用布朗榨汁机取汁,或用安迪森特殊压榨机取汁。不适合用破碎压榨机取汁,否则果皮和种子中的一些苦味物质会带入果汁中。

(4)过滤　榨出的果汁中含有一些悬浮物,影响产品的外观和风味。一般经 0.3 毫米筛孔过滤机过滤,使果汁含果浆 3%～5%。果浆太少,色泽浅,风味淡;果浆太多,浓缩时会产生焦煳味。

(5)成分调整　过滤后的果汁按标准调整,一般可溶性固形物含量 13%～17%,含酸 0.8%～1.2%。

(6)均质脱气去油　均质是生产浑浊果汁的必要工序,高压均质机要求在 10～20 兆帕下完成,柑橘汁脱气后精油含量应保持在 0.025%～0.15%,去油和脱气可在同一设备中进行。

(7)杀菌灌装　一般采用巴氏杀菌,条件为在 15～20 秒钟升温至 93℃～95℃,保持 15～20 秒钟后降温至 90℃,趁热温度保持在 85℃以上灌装于预先消毒的容器中。灌装后的产品迅速冷却至 38℃。

## (三)胡萝卜汁

胡萝卜是最常见的生产浑浊蔬菜汁的原料之一。

**1. 工艺流程**

原料选择→清洗→去皮→修整切丝→预煮→打浆→酶处理→调整→均质→脱气→灌装→杀菌→冷却→成品

**2. 操作技术要点**

(1)原料选择　选用颜色鲜红、胡萝卜素含量高的秋季成熟品种,要求肉质根茎新鲜肥大,无须根分叉、无冻伤及机械损伤,含糖量适中。

(2)清洗　用拨动式洗涤机清洗胡萝卜表面,去除泥沙、杂物以及部分微生物。

(3)去皮　将胡萝卜在温度为 95℃～100℃ 的 30～40 克/升碱液中浸泡 2～3 分钟,碱液处理后,立即用流动水冲洗 2～3 遍,以清洗掉被碱液腐蚀的表面组织及残留碱液,并使物料得到冷却。

(4)修整切丝　手工去除胡萝卜的头尾、黑斑、须根,然后用切丝机进行切丝。

(5)预煮　在 3～5 克/升柠檬酸溶液中预煮 5 分钟,温度控制在 90℃～95℃,使胡萝卜软化并钝化酶活力,便于后续工艺操作。

(6)打浆　预煮后的胡萝卜用打浆机进行打浆,并将原浆泵入酶解罐。

(7)酶处理　打浆后的物料冷却至 40℃～55℃,pH 值控制在 4～5,根据小样试验结果,加入 0.08% 果胶酶和纤维素酶的复合酶制剂,保温 2.5～3 小时。

(8)调整　用 85℃ 左右的软化水将白砂糖、果葡糖浆、三聚磷酸钠、柠檬酸等充分溶解,并保温 15 分钟,冷却至 40℃ 左右,过滤后泵入胡萝卜果浆中。

(9)均质　为了使胡萝卜汁均匀细腻,稳定性好,以 20~25 兆帕的压力对胡萝卜汁进行均质。

(10)脱气　为了防止因氧化引起的营养成分损失和变色,均质后的物料用真空脱气机进行脱气,在温度 40℃~50℃、真空度 99 千帕条件下脱气 3 分钟。

(11)灌装杀菌　将胡萝卜汁加热至 80℃灌装至消毒的容器中,密封。在 95℃条件下杀菌 30 分钟。

(12)成品质量要求　成品为淡红色或橙红色,具有胡萝卜特有的风味,无异味,口感细腻均匀,无沉淀和上浮现象,酸度为 1.5~2 克/升(以柠檬酸计),糖度为 9.5%~10%。

# 第四章　果蔬干制

干制也称干燥（Drying）、脱水（Dehydration），是指在自然条件或人工控制条件下，促使果蔬中的水分蒸发，脱去一定水分，而将可溶性固形物的浓度提高到微生物难以利用的程度的一种加工方法。干制包括自然干制和人工干制。

# 一、果蔬干制工艺与设备

## （一）工艺流程

原料→拣选、分级→清洗→去皮→去核、切分→热烫→硫处理→浸碱脱蜡→干燥→包装→成品

## （二）操作技术要点

**1. 原料选择**　选择合适的原料，能保证干制品质量，提高出品率，降低生产成本。果蔬干制原料要求干物质含量高，风味和色泽好，可食部分比例大，肉质致密，粗纤维少，成熟度适宜，新鲜完整。

**2. 原料预处理**

（1）分级、清洗　根据原料成熟度、个大小、品质及新鲜度等因素进行选择分级，并剔除病虫害、腐烂变质和不适宜干制的部分。然后根据原料的性质和污染程度，采用手工或机械清洗，以除去原料表面附着的污物，确保产品的清洁卫生。

（2）去皮、去核和切分　有些果品蔬菜的外皮粗糙坚硬，有的

含有较多的单宁或具有不良风味,因此在干制前需要去皮。去皮可根据原料的特性和形态,采用手工、机械、化学和热力方法。去皮后再去核、去芯,剔除不适宜干制的部分。对于个体外形较大的果品蔬菜,应根据其种类和加工的要求,切分成一定形状和大小。

(3)**热烫处理** 热烫亦称预煮、杀青等,主要作用:①钝化酶的活性,减少氧化现象,保持色泽、营养、风味的稳定性。②增加原料组织的通透性,排除空气,利于干燥,缩短干燥时间。经过热烫的杏、桃、梨等果品,干制时间可以较原来缩短 1/3,并且易于复水。③去除一些原料的不良风味,如苦、涩、青草味等。④杀灭原料表面的大部分微生物和虫卵。常用热水和蒸汽热烫,温度为 80℃～100℃,操作时注意控制温度的稳定性,使物料受处理的程度一致,以保持产品色泽、形态的均一性。热烫容易造成可溶性物质的损失,特别是用沸水热烫损失更大。

(4)**硫处理** 硫处理是许多果蔬干制的必要工序,对改善制品色泽和保存维生素(尤其是维生素 C)具有良好效果。硫处理通常采用两种方式:一是在熏硫室中燃烧硫磺进行熏蒸。熏硫处理时,熏硫室二氧化硫的浓度一般为 1.5%～2%,有时可达到 3%。此方法在果蔬干制中应用较多,尽管具有令人不愉快的气味,但对于干制品有良好的护色作用。二是将原料在 0.2%～0.5%(以有效二氧化硫计)亚硫酸盐溶液中浸渍。浸硫一般用 3% 左右的亚硫酸氢钠冷浸 15～20 分钟,由于设备简单,可以连续操作,适合于大规模生产。

(5)**浸碱脱蜡** 浸碱目的是为了除去附着在原料表面的蜡质,以利于原料水分蒸发,缩短水分蒸发时间,同时还有利于二氧化硫的吸收。碱液处理时间和浓度应根据具体的原料种类而定,浸碱后立即用清水冲洗残留的碱液。

**3. 烘干** 烘干是果蔬干制中最重要的工艺过程,果蔬干制品质量的优劣,取决于烘干时的升温方式、通风排湿及倒换烘盘、烘干时间等因素的控制。

（1）升温　果蔬进入烘干设备后，应根据不同的果蔬特性选用不同的升温方式进行加热。控温方式：一是在整个干制期间，烘干设备的温度设置初期为低温，中期为高温，后期为低温直至结束。这种升温方式适宜于可溶性物质含量高的果蔬或不切分的整个果品，如红枣。二是在整个干制期间，初期急剧升高烘房温度，最高可达95℃～100℃；原料进入烘干设备后，吸收大量的热量而使设备降温至烘烤温度，一般在65℃～70℃，维持一段时间后逐步降温至烘干结束，这种方式适应于可溶性物质含量低、水分含量较高的原料，如苹果片、梨片等。三是介于两者之间的升温方式，即在整个烘干期间内，温度保持在55℃～60℃恒定水平。这种烘干方式技术容易掌握，适应范围比较广，但烘制时间长，且能耗高。

（2）通风排湿　果蔬干制时，大量水分蒸发，若不及时排出，将会影响干燥的速率和质量。在用烘房干制果蔬时，尤其需要通风排湿，一般当烘房的空气相对湿度达到70%以上时，应进行通风排湿。可利用烘房的进气窗和排气筒进行自然通风，也可用排风机或引风机强制进行烘房空气流动。生产中通风排湿的方法和时间应根据烘房内湿度高低和风力大小确定。

（3）倒换烘盘　靠近热源的原料温度比远离热源的原料温度高，良好的烘干设备设计，要求上部和下部、前部和后部温差不超过2℃～4℃。因此，在干制期间应及时倒换烘盘，以免原料烘干不均匀或出现烘焦现象。一般靠近热源的烘盘与远离热源的烘盘互换，在倒换烘盘的同时抖动烘盘，使原料在盘内翻滚，以利受热均匀，干燥程度一致。

（4）干制时间　被干制原料的烘干时间，取决于对产品要求的干燥程度。可采用先烘至七八成干，再晾晒和风干至产品全干，这种方法烘干的成品饱满，果肉肥厚，色泽好，但在阴雨连绵的气候条件下易造成产品霉烂。也可采用一次烘至全干，此法不需晾晒，只需散热回软即为成品,但对烘烤技术要求较高,不可烘得太干,以免产品呈干瘪状,影响品质。

**4. 回软** 干制以后的果蔬常需在一个密闭的容器或贮藏库内贮藏一段时间,使其组织内部以及各果块之间的水分相互扩散,重新分布,以达到水分含量均一、质地柔软的目的,此过程称为回软。

**5. 包装** 果品干制的包装材料要求防虫、防湿、阻气,并有一定的机械强度。对长期保存的干制品防潮更为重要,否则干制品会吸收大量的水分,变得皮软、柔韧,影响质量。常见的包装容器有铁罐、玻璃瓶、复合塑料和纸容器。果干采用真空包装或真空充氮、充二氧化碳包装,可防止干制品压碎和微生物侵入。

**6. 贮藏** 干制原料的选择及干制前的处理与干制品的耐贮性有很大关系,干制品的含水量对干制品的保藏效果影响很大。在不影响产品质量的条件下,含水量愈低,保藏效果愈好。干制品的含水量低,空气湿度也必须相应地降低;否则,空气湿度增高就必然使干制品的平衡水分增加,从而使水分含量提高。低温有利于干制品贮藏,贮藏温度最好为 0℃~2℃,不可超过 10℃~14℃。光照能促进干制品的色素分解,氧气不仅能造成干制品变色和破坏维生素 C,还能氧化亚硫酸为硫酸盐,降低二氧化硫的保藏效果。因此,贮藏果蔬干制品还应避免阳光照射,并减少与空气的接触。

## (三)干制方法和设备

**1. 自然干制** 最原始的干制方法是自然干制,目前我国农村仍然是利用阳光和风力进行自然干制。自然干制的主要设备为晒场和晒干用具,如席箔、晒盘、翻动工具、运输工具等,以及必要的工作室、贮藏室、包装室等场所。

**2. 人工干制** 人工干制是实现果品蔬菜干制的工业化生产,人为控制干燥条件可有效地缩短干燥时间,提高产品品质。人工干制要具有良好的加热装置及保温设备,以保证干制时所需要的较高且均匀的温度;要有良好的通风设备,以及时排除原料蒸发的水分;要有较好的卫生条件和劳动条件,以避免产品污染,并便于操作管理。

(1)烘灶  烘灶是最简单的人工干制设备,形式多种多样,结构简单,设备成本低,干燥速度慢,劳动强度大,生产效率低。

(2)烘房  烘房主要由烘房主体、升温设备、通风排湿设备和装载设备组成。与烘灶相比生产能力大为提高,干燥速度较快,设备也较简单。

(3)人工干制机  人工干制机是一种效率较高的热空气对流式设备,可以根据需要控制环境的温度、湿度和空气流速。因此,干燥时间短,干制产品质量好。

人工干制机类型很多,主要有隧道式干燥机、滚筒式干燥机、带式干燥机等。

(4)冷冻升华干燥  先将原料在冰点以下冷冻,使水分变为固态冰,然后在较高真空度下升华,将冰转化为蒸汽而除去,原料即被干燥,用此方法生产的食品称为真空冻干食品。由于冻干食品避免了传统脱水方法带来的变色、变质、变味和成分流失、无法复原等缺陷,具有保持原料形、色、香、味,营养不变,复水性好,重量轻,贮运方便等优点。

(5)微波干燥  微波干燥实质上是微波加热器在干燥上的应用。微波是指频率为300兆赫至300千兆赫、波长为1毫米至1米的电磁辐射波。微波可被原料中各种物质的分子吸收并转换为热能,而且微波能深入到原料的内部,热源可从原料内部产生,使原料受热均匀。而原料内部的不同物质对微波吸收又具有选择性,即水分比干物质吸收微波能要多,水分蒸发就快。因此,微波干燥热效率高,温度均匀,干燥速度快。

(6)远红外干燥  远红外干燥是利用远红外辐射元件发出的

远红外线被加热物体所吸收,直接转变为热能而达到加热干燥的目的。红外线介于可见光和微波之间,一般把5.6~1 000微米区域的红外线称为远红外线,红外线与可见光一样,也可被物体吸收、折射或反射,物体吸收了红外线后,温度就升高;而且红外线能穿过相当厚的不透明物体,而在物体的内部自发地产生热效应,使原料中每一层都受到均匀的干燥。

(7)太阳能辐射干燥 利用太阳能接收装置把太阳辐射能吸收贮藏起来,再转换成热能干燥果品蔬菜,此法是国内外能源科学技术研究的一个重要内容。

### (四)果蔬干制加工中常见问题及控制措施

**1. 营养成分的变化** 高温长时间脱水干燥导致糖分损耗;高温加热碳水化合物含量较高的食品极易焦化;缓慢晒干过程中初期的呼吸作用也会导致糖分分解;还原糖和氨基酸反应会产生褐变;高温脱水时脂肪氧化比低温时严重得多;干燥过程会造成维生素损失。控制措施:严格控制干燥过程中原料的温度和受热时间;改变干燥方法。

**2. 果蔬颜色的变化** 新鲜果蔬的色泽一般都比较鲜艳,干燥会改变其物理和化学性质,使食品反射、散射、吸收和传递可见光的能力发生变化,从而改变食品的色泽。①湿热条件下叶绿素将失去一部分镁原子而转化成脱镁叶绿素,呈橄榄绿色,不再呈草绿色。②类胡萝卜素、花青素也会因干燥处理有所破坏。③硫处理会促使花青素褪色。控制措施:酶或非酶褐变反应是促使干制品褐变的原因,为此干燥前需进行酶钝化处理以防止变色。

**3. 果蔬风味的变化** 果蔬经过干制失去挥发性风味成分。控制措施:从干燥设备中回收或冷凝外逸的蒸汽,再加回到干制食品中,以尽可能保存其原有的风味。也可从其他来源取得香精或风味制剂,再补充到干制品中。

# 二、果蔬脆片生产技术

果蔬脆片是利用真空低温油炸技术加工而成的一种脱水食品。在加工过程中,先把果蔬切成一定厚度的薄片,然后在真空低温条件下将其油炸脱水,得到一种酥脆性的片状食品,故而命名为果蔬脆片。果蔬脆片是近年来国际上新兴起的一种食品,由于低温下操作能最大限度地保存果蔬的维生素,较好地保持食品的色、香、味,使果蔬的天然色素和芳香物质的损失减少到最低的程度;而且,该类食品复水性很强,在热水中浸泡几分钟,即可还原为鲜品,顺应了国际上食品天然化、营养化、风味化和方便化的发展趋势。

## (一)果蔬脆片加工方法

目前,果蔬脆片生产工艺主要是低温真空油炸膨化。低温真空油炸技术是在相对低压条件下,利用较低的温度,通过热油介质的传导使果蔬中的水分不断蒸发,由于强烈的汽化而产生较大的压强使细胞膨胀,在较短的时间内使水分蒸发,果蔬水分含量降低至 $3\%\sim5\%$ ,经冷却后即呈酥松状。该技术不但对果蔬的维生素等营养成分破坏少,而且能够较好地保持果蔬原有的色、香、味及形态。

### 1. 工艺流程

原料预处理(原料挑选、清洗、切片、护色、灭酶、漂洗、糖置换、冷冻)→真空炸制→炸后处理(脱油、加香)→包装→成品

### 2. 操作技术要点

(1)原料预处理

①原料选择　对原料(果实或蔬菜)的加工特性应充分了解,如种类、品种和成熟度等,按成熟度分级并按加工要求分别处理,去除腐烂、霉变及虫蛀的原料。

②清洗　通过清洗去除原料中的尘土、泥沙、微生物和农药等，一般用清水直接清洗，对表面污染严重的果蔬，先用0.5%盐酸溶液浸泡数分钟，而后用清水漂洗干净。

③整理、切分　有的果蔬需要先去皮、去核后再进行切分，为保证油炸制品有较好的色泽、风味和特色以及有利于脱水干燥，一般切成厚度为2~4毫米的片状。

④护色、灭酶　在去皮和切片时即开始护色。护色可采用0.2%~0.5%（以有效$SO_2$计）亚硫酸氢钠溶液浸泡完成，灭酶可在98℃的热水中烫漂1~5分钟完成。

⑤漂洗　漂洗去除亚硫酸氢钠和色素等物质。果蔬易发生酶促褐变，虽然亚硫酸氢钠有控制这种反应发生的作用，但仍有少量的黑褐色物质生成，因而必须清洗。

⑥糖置换　为增加原料中可溶性固形物的含量，降低真空低温油炸产品的含油率，需进行糖置换。糖置换即人们常说的熬煮，将准备油炸的果蔬置于糖溶液中进行熬煮，糖液的浓度和置换时间可根据果蔬具体品种决定。

⑦冷冻　油炸前进行冷冻处理，有利于脆片膨大酥松，减少表面起泡和产品变形，增加产品的酥脆性。果蔬原料冷冻后，对油炸温度、时间的控制要求较高，生产中应注意与油炸条件配合好，一般速冻原料油炸脱水效果好。

（2）真空低温油炸　将油脂先预热至100℃~120℃，迅速放入已冻结好的果蔬片，关闭仓门。为防止原料融化，应立刻启动真空系统。当真空度达到要求时，启动油炸开关，原料被慢速浸入油脂中进行油炸，到达底部后用相同的速度缓慢提起，提升至最高点后再缓慢下降，如此反复，直至油炸完毕，整个过程耗时约15分钟。不同的原料采用的真空度、油温和时间不尽相同，可以通过真空度、油的温度随时间而变化的情况，来判定油炸作业的终点。

(3)炸后处理

①脱油　尽管真空油炸产品的含油率低于常压油炸产品,但其含油率仍然较高,必须趁热进行脱油,脱油的方法有溶剂法和离心分离法,将产品含油率控制在 10%以下。

②加香　为弥补油炸过程损失的香味物质,脱油后的产品可用 0.2%香精加香。

## (二)果蔬脆片加工质量的影响因素

果蔬脆片真空油炸的质量与真空度、油温、油炸时间等因素密切相关。

**1.油温**　油炸温度是影响果蔬脆片脱水率、风味、色泽和营养成分的重要因素,可通过真空度的控制来实现。不同果蔬的水分含量不同,其营养成分的热稳定性也不同。因此,油炸温度要根据不同果蔬具体情况而有差别,一般控制在 100℃左右。

**2.真空度**　真空度的选择与油温和油炸时间相互关联,也直接影响油炸产品的质量。不同的果蔬物料对真空度的要求有所不同,一般将真空度控制在 92~98.7 千帕(690~700 毫米汞柱)。

**3.油炸前的预处理**　油炸前处理的目的是使待炸制果蔬原料的酶充分失活,以保持食品的原色和原味;适当提高原料的固形物含量,提高制品的组织强度,降低产品的含油率。但应以不失去制品的嫩度为宜。

预处理方法有溶液浸泡、热水漂洗和速冻处理 3 种。

## (三)果蔬脆片加工的主要设备

果蔬脆片的生产设备包括前处理设备、真空低温油炸系统、后处理设备等。前处理设备有分选机、清洗机、提升机、切分机、沥水机、热烫或蒸煮设备、速冻设备等。后处理设备有撒料(调味)机、真空充氮包装机等。真空低温油炸系统由真空系统、冷凝系统、真空低温油炸脱油系统、油循环系统等组成,是果蔬脆片生产的关键设备,俗称主机。有的果蔬脆片如马铃薯、玉米等也可采用挤压成型工艺生产,即将经熟化粉碎的原料通过一个特殊设计的模具挤压成各种形状,其他处理则与直接切片成型的果蔬脆片相同。挤压成型果蔬脆片需增加拌料机、粉碎机、螺旋挤压成型机、烘干机等设备。

# 三、果蔬粉生产技术

新鲜果蔬直接加工成果蔬粉,是近几年出现的一种新型加工方式。将新鲜果蔬加工成果蔬粉,其含水量低于 6%,含水量低不易被微生物侵染,减少了腐烂损失,同时还抑制了酶的活力。果蔬制粉对原料的要求不高,可食性的皮、核均可利用,拓宽了果蔬原料的利用范围。果蔬粉具有保存和食用方便、可食性强及营养丰富等特点,保持了果蔬肉质、果蔬皮和核的营养成分,且不添加任何添加剂和色素,既可直接食用,又可用作其他食品加工的主料或配料,发展前景广阔。

## (一)果蔬粉生产工艺

**1. 湿法生产工艺**

(1)工艺流程

清理→打浆→过滤→浓缩→喷雾干燥→包装

(2)特点　喷雾干燥得到的果蔬粉速溶性好,可直接作饮品冲剂,无沉淀产生。但是生产过程有废渣、废气产生,而且出粉率低,生产成本高。

**2. 干法生产工艺**

(1)工艺流程

清理→切片→干燥→粉碎→包装

(2)干燥方式　干燥方式有热风干燥、微波干燥和冷冻干燥。热风干燥作为传统干燥方法,适合于高含水量果蔬的前期干燥;微波干燥兼有杀菌功能,适合于含水量较低(<30%)果蔬的干燥;冷冻干燥是在低温下进行,可以最大限度地保留原料的营养成分、味道、色泽和芳香,且产品复水性好;但是设备投资大,运行成本高,适合生产高附加值产品。

## (二)超微粉碎加工

**1. 超微粉碎概述** 目前市面上见到的果蔬粉基本上是以普通方法加工的果蔬粉,细度一般在 40～100 目,干燥过程形成的表面"硬壳"和长纤维硬化,造成口感较粗糙。超微粉碎加工是通过粉碎设备对原料的挤压、冲击、剪切等作用,将颗粒直径在 3 毫米以上的原料粉碎至直径为 10～25 微米的微细粉体的过程。美国、日本等国家出售的果味凉茶、冻干水果粉、超低温速冻龟鳖粉、海带粉和花粉等,多是采用超微粉碎技术加工而成的。超微果蔬粉的优点:表面吸附力及亲和力强,固香性、分散性和溶解性好;较好地保持了原料原有的生物活性和营养成分,利于人体消化和吸收;原来不能利用的原料得以重新利用,提高果蔬营养成分的利用率;因空隙增加,微粉孔径中容纳一定量的二氧化碳和氮气,可以延长制品的保质期;可配制和加工其他功能食品,为新产品开发创造条件。

生产中常采用成本较低、产量较大的机械粉碎法制备超微粉,根据原料的环境介质不同,机械法可以分为干法粉碎法和湿法粉碎法。根据粉碎过程中原料受力情况及机械的运动形式,干法粉碎法又可分为气流式、高频振动式、旋转球(棒)磨式、转辊式和冲击式等多种。湿法粉碎法主要使用胶体磨和均质机。果蔬原料因含有水分、纤维、糖等多种成分,所以粉碎工艺比较复杂,多采用干式粉碎法。近年来,针对果蔬原料具有韧性、黏性、热敏性和纤维类物料的特性,采用深冷冻超微粉碎方法取得了较好的效果。

**2. 超微粉碎设备**

(1)气流式超微粉碎设备 利用空气、蒸汽或者其他气体,通过一定压力的喷嘴喷射产生高速的湍流和能量转换流,原料颗粒在高能气流作用下悬浮输送,相互发生剧烈的冲击、碰撞和摩擦,加上高速喷射气流对颗粒的剪切冲击作用,使得原料颗粒间得到充分的研磨而粉碎成细小粒子。该粉碎设备结构紧凑、磨损小且维修方便,但动力消耗大。压缩空气(或过热蒸汽)膨胀时会吸收很多能量,产生制冷作用而形成较低的温度,所以对热敏性原料的超微粉碎有利。食品工业上主要有扁平式气流磨、靶式气流磨、循环管式气流磨、对喷式气流磨和流化床对喷式气流磨等。

(2)高频振动式超微粉碎设备 高频振动式超微粉碎是利用棒形或球形磨机,通过高频振动而产生的冲击、摩擦、剪切等作用力来实现对原料的超微粉碎。振动磨使用弹簧支撑磨机体,由一个附有偏心块的主轴带动而达到使其振动的效果。

(3)旋转球(棒)磨式超微粉碎设备 旋转球(棒)磨式超微粉碎是利用研磨介质对原料的摩擦和冲击进行研磨粉碎,如球磨机、棒磨机等。常规球磨机一直是细磨的主要设备,缺点是效率低、能耗大、加工时间长。搅拌球磨机是超微粉碎机中能量利用率最高的一种超微粉碎设备,它主要由搅拌器、筒体、传动装置及机架组成,工作时搅拌器以一定速度运转,带动研磨介质运动,原料在研磨介质中利用摩擦和少量冲击进行破碎。

(4)冲击式超微粉碎设备 利用围绕水平轴或垂直轴高速旋转的转子上所附带的锤、棒、叶片等对原料进行撞击,并使其在转子与定子间、原料颗粒之间,产生高频度的强烈冲击、碰撞和剪切作用而粉碎的设备。其特点是结构简单、粉碎能力大、运转稳定性好、动力能耗低,适合于中等硬度原料粉碎。按转子的设置可以分为立式和卧式两种。

(5)胶体磨 胶体磨又称胶磨机、分散磨,其工作构件由固定磨体(定子)和高速旋转的转动磨体(转子)组成,两个磨体之间有可以调节的间隙。当料液通过间隙时,由于转子在高速旋转,使附着于转子面上的物料运动速度最大,而附着于定子面上的物料速度为零,使原料受到强烈的剪切、摩擦和湍动作用,原料因而被磨碎、混合、分散和乳化。我国生产的胶体磨分为变速胶体磨、滚子胶体磨、多级胶体磨、砂轮胶体磨和卧式胶体磨等。

# 四、果蔬干制生产实例

## (一)红枣干制

红枣为鼠李科枣属植物的成熟果实,红枣经晾晒或烘烤干制而成干红枣。红枣富含铁元素和维生素,与李、杏、桃、栗并称为我国的"五果",为世界第七大干果。主产于山西、陕西、河北、山东、河南五大传统产枣区及新疆新兴产枣区。

**1. 工艺流程**

原料→除杂→热烫→晒制或烘制→分级→包装→成品

**2. 操作技术要点**

(1)原料采收与处理 无论大枣、小枣均可干制。在枣果充分成熟、枣皮由乳黄色转红色、开始失水微皱时采收。采后剔除破损果和病虫果,选择皮薄核小、肉厚致密、糖分高的品种,用沸水热烫5～10分钟,冷却后干制。

(2)晒制 红枣晒制的方法比较简单,一般以空旷的平地或平顶房的屋顶作晒场,上铺席箔,将枣摊在席箔上暴晒。经常翻动,以加速干燥过程,晒5～6天后枣皮变红、发皱,再晒至枣皮深红色、枣肉金黄色或淡黄色、手捏感到紧实干爽而有弹性时为止。成品含水量25%～28%。

(3)烘制 采用人工烘制红枣可以极大地提高生产效率和制品品质。将经过分级和热烫处理的枣均匀铺于烘盘上,置于烤房或干制机内,枣的铺层一般为2～3个枣的厚度。干燥初期温度控制在55℃左右,以后逐步升至65℃～68℃,不超过70℃。干燥过程空气相对湿度控制在 55%～80%。干燥后期,枣中的水分大部分已蒸发,干燥速度减缓,温度降至 55℃左右、保持 8 小时,使枣逐渐干透。干燥结束后,及时摊开散热、冷却,防止积热造成霉烂损失。

(4)包装 干制后的枣极易吸潮,因此干制完毕应尽快分级和包装。

## (二)黄花菜干制

黄花菜是多年生草本植物的花蕾,味鲜质嫩,含有丰富的花粉、糖类、蛋白质、维生素 C、钙、胡萝卜素、氨基酸等人体所必需的营养元素,所含的胡萝卜素是番茄的几倍。其花经过蒸、晒,加工成干菜,即金针菜或黄花菜,具有多种保健功能,是花卉、珍品蔬菜,远销国内外。

**1. 工艺流程**

原料→除杂→晒制或烘制→回软→包装→成品

**2. 操作技术要点**

(1)原料采收与处理 适期采收是保证黄花菜干制品质量的关键措施之一,生产中应在花蕾充分长成但尚未开放前采收。采收过早,产量低,色泽暗褐,香味淡;采收过迟,花蕾已开放,易散瓣,不耐贮藏。采收后按成熟度分级,剔除杂物,立即进行热处理。以花蕾微变色、变软,呈黄色或黄绿色,手捏花柄花蕾能直立为度,处理后自然散热待用。

(2)晒干 先将竹帘、席或晒盘架到离地面 30～60 厘米的架子上,再将处理过的花蕾摊放在上面,厚度 2～3 厘米,每隔 2～3 小时翻动 1 次。白天暴晒,晚上收起,覆盖防露,待黄花菜的含水量降至 15%～18%,用手握紧不发脆,松手后又自然散开,相互不黏时为止。

(3)烘干 每平方米烘盘面积可装热烫过的黄花菜 5 千克左右。黄花菜含水量较高,干制初期温度宜较高,应先将烘房升温至

85℃～90℃后再将黄花菜送入，原料大量吸热烘房温度下降至60℃～65℃时，保持12～15小时，然后再逐渐降低至50℃，直至干燥结束。干燥过程中，当烘房内空气相对湿度达到65％以上时，应立即通风排湿，使之下降至60％为止。为防止黄花菜黏结和焦化，应及时倒换烘盘，同时搅拌翻动，使其干燥程度一致。

（4）回软和包装　干制后的成品进行短期回软，使含水量达到15％时即可包装。

## （三）苹果脆片

苹果含有糖类、蛋白质、钙、磷、铁、锌、钾、镁、硫、胡萝卜素、维生素 $B_1$、维生素 $B_2$、维生素 C、烟酸、膳食纤维等，有较高的营养价值和保健功能。

**1. 工艺流程**

原料→清洗→修整→切片→杀青→冷却→浸渍→脱水→离心脱油→冷却→分选称重→包装→成品

**2. 操作技术要点**

（1）原料处理　选择充分成熟、不发绵、中等个头、果肉肥厚致密、果皮薄、单宁含量少、可溶性固形物含量高的苹果，最好选用晚熟品种。将苹果用1％氢氧化钠和0.1％～0.2％洗涤剂40℃混合液浸泡10分钟，捞出水洗，充分洗去果实表面的洗涤剂，然后去果皮、除果核，切成2～4毫米厚的苹果片。

（2）护色、杀青　将苹果片立即投入1％食盐水中，以防果片褐变。然后捞出控去水分，投入0.2％亚硫酸钠溶液中，浸泡15～20分钟，或按每50千克苹果片用100克硫磺的比例熏制20～30分钟。将处理好的原料，放入60℃～70℃水中杀青处理2～6分钟。

（3）糖渍　配制浓度为60％的糖浆，取20千克稀释至糖度为30％，把杀青后的果片浸入糖浆中。每浸过1次果片，糖浆的糖度都会降低，需加入高倍的糖浆混匀，以保证每次浸果片用的糖浆糖度均为 30%。

（4）脱水　从糖液中取出苹果片沥干，置于冷冻室中冷冻。根据加工产品的不同（如苹果干、油炸苹果脆片、微波膨化苹果脆片等），采用不同的脱水方式。

①自然干制或人工干制　自然干制是将护色、杀青处理过的苹果片铺在晒盘或晒帘上，在阳光下暴晒。苹果片晒到用手紧握、松手后不互相粘连并有弹性即可，成品含水量约为 20%。晒干后再堆集在一起，经 1～2 天时间使其回软，然后包装。人工干制是用热风干燥或冷冻干燥、微波干燥、远红外干燥、减压干燥等技术对苹果片进行干燥。

②真空低温油炸脱水　将油预热至 110℃ 左右，装入原料后封闭系统，抽空使真空度稳定在 0.09～0.098 兆帕，启动油循环系统，将油炸室充入热油开始油炸，油温控制在 100℃ 左右，时间约 30 分钟。油炸初期原料温度与油温相差较大，水蒸气大量产生，真空度与油温波动较大，应注意随时予以调节控制。

③微波膨化技术脱水　将装有苹果片的托盘置入微波膨化装置中，进行微波膨化处理。

（5）离心脱油　真空低温油炸的苹果脆片炸好后，从真空油炸釜中取出油炸笼，置于离心沥油机中，启动离心脱油机和真空泵，抽空 0.09 兆帕，转速 1 200 转/分，脱油 3 分钟。

（6）调味、冷却、包装　添加适宜的调味品混匀，可以加工出不同风味的苹果片和苹果脆片。冷却，精确称重，进行真空包装。

## （四）胡萝卜粉

### 1. 工艺流程

原料选择→清洗→去皮→修整→切碎→软化→打浆→干燥→冷却、过筛→包装

### 2. 操作技术要点

（1）原料选择、清洗　选用没有霉烂、没有病虫害的优质胡萝

卜,剔除残次品。将胡萝卜上的泥土和夹杂的菜叶及其他杂质用清水洗干净。

(2)去皮 将胡萝卜浸入 80～120 克/升氢氧化钠溶液中去皮,碱液温度要求在 95℃以上,浸泡时间不超过 3 分钟。取出后用流动清水冲洗 3～4 遍,去掉残留的碱液,并使胡萝卜冷却。

(3)修整、切碎 切除胡萝卜根顶端的绿色叶簇部分及黑斑等。为便于软化和打浆,可将胡萝卜适当切碎。

(4)软化 采用沸水软化或蒸汽软化法对胡萝卜进行处理。

①沸水软化 将胡萝卜称重,放入夹层锅,加入原料重量 2 倍的清水,并加入柠檬酸,调整 pH 值至 5.5 左右,加热煮沸并保持 20～30 分钟。

②蒸汽软化 将胡萝卜放入夹层锅,用常压蒸汽或加压蒸汽的热力蒸煮作用,使胡萝卜得以软化。

(5)打浆 通常采用刮板式打浆机,筛板孔径为 0.4～1.5 毫米,软化后的胡萝卜趁热打浆 2～3 次,最后得到组织细腻的泥状浆料。

(6)滚筒干燥 先将滚筒内部通入蒸汽,使滚筒表面温度达到 120℃～140℃,然后使胡萝卜泥状原料定向而均匀地流淌到滚筒表面,在滚筒转动一周的时间内完成对原料的干燥。用刮料器将被干燥的原料由滚筒表面刮下来。

(7)冷却、过筛 将刮下的原料进行冷却,然后用 80～100 目的筛子筛分。

# 第五章　果蔬速冻

　　所谓果蔬速冻，就是将经过处理的果蔬原料以极低的温度（－35℃左右），在极短的时间内采用快速冷冻的方法使之冻结，然后在－20℃～－18℃的低温下进行保藏的方法。速冻果蔬属于冷冻食品，它最大限度地保持了果蔬原有的色、香、味和外观，能有效防止果蔬的腐败变质，并且对果蔬的地区和季节差异起到调节作用。

# 一、果蔬速冻介质

## （一）液氨（$NH_3$）

　　液氨曾经是使用最为广泛的制冷剂，它具有良好的热传导性，气化潜热大，单位容积产冷量较大，因而可以缩小压缩机和其他设备的规格。氨几乎不溶于油，但其吸水性强，可以避免在系统中形成冰塞。氨对于黑色金属不腐蚀，但若氨中含有水，对铜及铜合金具有强烈的氧化作用。氨具有强烈的特殊臭味，对人体器官有危害，空气中含氨1％以上（容积）时就可能发生中毒现象。为了减少氨的污染，有些国家已限制使用，但由于氨价廉易得，目前我国使用仍较普遍。

## （二）液氮（$N_2$）

　　液氮为无毒的惰性气体，与果蔬不发生化学反应，而且可以取代果蔬包装内的空气，减轻果蔬在冻结和冷藏时的氧化，用于与产品直接接触,其冻结效果比较理想。常压下液氮的蒸发温度低,制冷效果好,速冻时间短,产品脱水率在1%以下,失重少,且设备简单,投资较少。但液氮的消耗与费用较大,限制了其作为制冷剂的应用。

### (三)二氧化碳($CO_2$)

二氧化碳也是常用的超低温制冷剂,常见的冻结方式有两种:一是将$-79℃$升华的干冰和果蔬混合在一起使其冻结。二是在高压条件下将液态二氧化碳喷淋在果蔬表面,液态二氧化碳在压力降低的情况下,在$-79℃$时变成干冰霜。二氧化碳可以被果蔬产品吸收,在包装前必须将其除掉,否则会造成包装的膨胀破裂。

### (四)氟利昂($F_{12}$)

氟利昂是一种对人体生理危害最小的制冷剂,无色、无臭、不燃烧、无爆炸性,在常压下,$F_{12}$的沸点为$-29.8℃$,但$F_{12}$的冻结效果接近于低温冷冻剂。$F_{12}$在没有水时,对铜、铁、锡等金属无腐蚀性,相对于液氮、二氧化碳要经济些,近年来在浸渍冷冻方面,尤其是包装产品受到重视。

### (五)一氧化二氮($N_2O$)

一氧化二氮在德国首先用于果蔬冷冻。液态一氧化二氮在常压下的沸点是$-89.5℃$,该制冷剂在冷冻过程中被气化,然后再将其液化,重复使用,但设备和管理费用甚高。

### (六)间接低温介质

与非包装的果蔬接触的常用低温介质有氯化钠、氯化钙、糖液、丙二醇、甘油等,这些溶液只有在足够的浓度时才能有效地保持在$-18℃$以下,且这些低温介质本身不能制冷,只能作为载体,对冷冻产品起到热量转移的作用。

# 二、果蔬速冻工艺与设备

## (一)果蔬速冻工艺

### 1. 工艺流程

原料→预冷→清洗→去皮→切分→烫漂→冷却→沥水→速冻→包装→冻藏→解冻使用

### 2. 操作技术要点

(1)原料选择及处理

①原料选择　速冻加工应选择完全成熟或接近成熟的果蔬原料,以达到鲜食标准,色、香、味充分显现为佳。剔除病、烂、霉果,以及老化、枯黄、严重萎蔫的蔬菜原料。

②预冷　果蔬在采收之后、速冻之前需要进行降温处理,以降低果蔬的田间热和呼吸热,防止腐败衰老,这个过程称为预冷。预冷的方法有冷水冷却、空气冷却和真空冷却。

③清洗　果蔬表面常带有泥沙、灰尘、污物及农药残留,为保证产品的质量,须对原料进行清洗。尤其是蔬菜速冻制品食用时不再洗涤,所以原料清洗尤为重要。可人工清洗也可机械清洗。

④去皮切分　果蔬去皮的方法有手工、机械、热烫、碱液、冷冻等,采取哪种方法因原料而定。小型果蔬和浆果类品种一般不进行切分,采取整果速冻。较大型的果蔬根据情况,采用机械或手工方法切分为块、片、丁、条、丝等形状,要做到薄厚均匀,长短一致,规格统一。

⑤烫漂　烫漂主要适用于蔬菜速冻加工,尤其是含纤维素较多或习惯于炖、焖等烹调方式的蔬菜,如芹菜、菜花、马铃薯、豆角、胡萝卜、蘑菇等。烫漂的目的主要是抑制酶的活性,软化纤维组织,去除辛辣涩味,杀死部分微生物,便于烹调加工。烫漂温度和时间要根据原料的性质、切分程度而定,一般为 90℃～100℃,数

十秒钟至数分钟。

⑥冷却　经烫漂后的原料，其中心温度在70℃以上，应立即进行冷却，使其温度尽快降至5℃左右，以减少营养物质损失。冷却方法通常有冷水浸泡、冷水喷淋和风冷，前两种方法简便易行，但会加大原料中可溶性固形物的损失，而且需沥干原料表面的水分；后一种方法冷却的同时，也沥去了水分，值得推广。

⑦沥水　原料经烫漂、冷却后，表面带有较多水分，在冷冻过程中容易形成冰块，影响产品质量，因此要将水分沥干。沥水可采用自然晾干、离心机甩干或振动筛沥干等方法。

⑧浸糖　浸糖主要适用于果品的速冻加工，因果品通常不进行烫漂，为了破坏果品中酶的活力，防止氧化变色，在整理切分后需要保藏在糖液或维生素C溶液中。果品浸糖处理，还可以减轻结晶对果品内部组织的破坏作用，防止芳香成分的挥发，保持果品的原有品质及风味。糖液浓度一般控制在30%～40%，用量为2份果品加1份糖液。

（2）速冻　速冻是果蔬速冻加工的中心环节，是保证产品质量的关键。冻结温度越低、速度越快，产品质量越好。具体要求是，原料在冻结前必须充分冷透，尽量降低速冻原料的中心温度，有条件的可以在冻结前加预冷装置，以保证原料迅速冻结。冻结时，要求在最短的时间内使原料的中心温度低于最大冰晶形成温度（－5℃～0℃）。为此，首先要求速冻装置要有足够的低温环境，通常在－35℃以下，其次要求投料要均匀。

目前，我国速冻生产厂普遍应用的冻结方式有两种，一是采用果蔬冷库的低温冻结间，静止冻结，这种方式冻结速度较慢，产品质量难以保证。二是采用专用冻结设备，这种方式冻结速度快，产品质量好，适用于生产各种速冻果蔬。生产中无论采用哪种方式冻结，其产品中心温度均应达到－18℃以下。

（3）包装　速冻果蔬的包装材料应具有良好的耐温性、透气性、耐水性和耐光性,常用的有聚乙烯、聚丙烯、聚酯复合材料等。速冻果蔬的包装方式有普通包装、充气包装和真空包装。充气包装是首先对包装进行抽气,然后再充入二氧化碳或氮气等气体的包装方式,这些气体能防止果蔬的氧化和微生物的繁殖,充气量一般在 0.5% 以内。真空包装是抽去包装内的大部分气体,然后立即封口的包装方式,包装袋内气体减少可以抑制微生物繁殖,有利于延长果蔬保存期。为了提高冻结速度和效率,多数果蔬宜采用速冻后包装,只有少数叶菜类或加糖液和食盐水的果蔬在速冻前包装。速冻后包装要求迅速及时,从出速冻间到入冷藏库的时间力求控制在 15~20 分钟,包装间温度应控制在 −5℃~0℃,以防产品回软、结块和品质劣变。

(4)冻藏　速冻后的果蔬应立即装箱入库贮藏。要保证速冻果蔬在贮藏过程中质量不发生劣变,应将库温控制在 −20℃±2℃,而且要避免大的温度波动,否则会引起冰晶重排、结霜、表面风干、褐变、变味、组织损伤等品质劣变。生产中如发现包装袋破损,应及时更换,以避免果蔬的脱水和氧化。

(5)解冻　果蔬的解冻与速冻是两个传热方向相反的过程,且二者的速度也有差异,对于非流体果蔬的解冻比冷冻要缓慢。果蔬解冻之后,由于其组织结构已经有一定程度的损坏,因而内容物渗出,随着温度的升高,微生物活动和生理变化增强,不再有利于果蔬的保藏。因此,速冻果蔬应在食用之前解冻,不宜过早解冻,且解冻之后应立即食用或加工利用。速冻果蔬解冻通常由专门设备完成,按供热方式可分为两种:一是外面介质,如空气、水等经果蔬表面向内部传递热量。二是从果蔬内部向外传热,如高频和微波。按热交换形式不同又可分为空气解冻法、水或盐水解冻法、冰水混合解冻法、低频电流解冻法、高频和微波解冻法以及多种方式的组合解冻法等。一般来说,微波和高频电流解冻是大多数果蔬理想的解冻方法,此法升温迅速,且从内部向外传热,解冻均匀;但解冻的产品必须组织性质均匀一致,才能取得较好的解冻效果。

## (二)果蔬速冻设备

果蔬速冻方法有很多,按冷却介质与果蔬接触的方式可以分为空气冻结法、间接接触冻结法和直接接触冻结法,每种方法均包含多种速冻设备。

**1. 隧道式鼓风冷冻机** 鼓风冷冻法实际上就是空气冷冻法,是利用快速流动的空气,促使果蔬快速散热,以达到迅速冷冻的目的。生产上一般采用隧道式鼓风冷冻机,在一个长形的墙壁有隔热装置的隧道内进行冷冻。果蔬产品放在传送带或筛盘上,以一定速度通过隧道,冷空气由鼓风机吹过冷凝管道再送入隧道,并穿流于产品之间,使之降温冻结。有的装置在隧道中设置几次往返运行的网状输送带,原料先落入最上层网带,运行至末端即卸落至下一层网带,如此反复运行至最下层的末端,即完成冻结。这种速冻方法一般采用冷空气温度为 $-34℃ \sim -18℃$、风速为 $30 \sim 100$ 米/分,可根据产品特性、果蔬原料大小进行调整。

**2. 流化床式冷冻装置** 流化床式冷冻法又称流动冷冻法,特别适合于樱桃、草莓、玉米粒、豌豆、马铃薯丁、胡萝卜丁等小型且均匀的果蔬产品。这种装置是将原料放在带孔的传送带或筛网上,从孔的下方以较高的速度向上吹送 $-35℃$ 以下的冷空气,使原料形成类似于沸腾状态,几乎悬浮于冷气流中而被快速冻结。由于在流化床式冷冻装置中,原料悬浮向上,在彼此不黏结的状态下完成冻结,因此尤其适合于小型果蔬的单体冷冻。

**3. 平板式冷冻装置** 平板式冷冻装置的主体是一组平行或垂直排列的空心冷冻平板,平板与制冷剂管道相连,将小包装或散装的果蔬原料夹在两冷冻平板之间,借助液压系统使平板与原料密切接触,冷冻板温度降至 $-35℃$ 以下,使原料迅速冻结。平板式冷冻装置有间歇式、半自动和全自动式,但其冻结方式都是一样的,即将包装的原料放置在空心平板上,上面的空心平板紧密压放在包装原料的上面,制冷剂穿流于空心平板中,以维持低温,达到速冻的目的。

**4. 回转式冷冻装置**　回转式冷冻装置是一种新型的间接接触式冷冻装置,其主体为一个由不锈钢制成的回转筒,筒内壁之间的空间供制冷剂直接蒸发或载冷剂流过换热,筒的外壁为冷表面。进行速冻时,果蔬原料呈散开状由入口被送至回转筒的表面,由于回转筒表面温度很低,果蔬立即粘在上面,进料传送带再给冻品稍加施压,使其与回转筒表面更好地接触。转筒回转一周即完成冻结过程,冻结的果蔬被刮刀刮下,刮下的产品由输送带送至包装生产线。回转筒的转速可根据果蔬原料进行调节,一般每周需数分钟。

**5. 钢带式冷冻装置**　钢带式冷冻装置的主体是不锈钢传送带。果蔬速冻时,通过在钢带下喷盐水,或使钢带滑过固定的冷却面(蒸发器)使果蔬降温。果蔬上部还装有风机,以冷风补充冷量,冷风的方向可与果蔬运行方向平行、垂直、顺向或逆向。传送带的速度可根据冷冻时间进行调节。由于原料只有一面接触金属表面,所以原料层不能铺得过厚。

**6. 浸渍式冷冻装置**　这是一种直接式冷冻方法,即将速冻原料直接浸在液体冷媒中进行冷冻的方法。由于液体是热的良导体,且原料直接和冷媒接触,接触面积大,热交换效率较高,可使果蔬快速完成冷冻。果蔬浸渍式冷冻,常用糖液或盐水作为直接浸渍的冷媒,而糖液和盐水的低温是由机械制冷系统提供的。

# 三、果蔬速冻生产实例

## (一)速冻草莓

### 1. 工艺流程

原料采收→整理→清洗→浸盐水→漂洗→检验分级→冻结→包装→冷藏

**2. 操作技术要点**

(1)原料选择 速冻产品应选择红色或紫红色、新鲜饱满、成熟适度、单果重和横径符合要求的草莓。采收后要及时加工;否则,应贮藏在温度为1℃~2℃、空气相对湿度为85%~90%的冷库内,以不超过3天为宜。

(2)整理清洗 去掉果梗,剔除生青、畸形、腐烂、病虫害及机械损伤果,然后置于流动水槽内,用清水洗去草莓表面的泥沙和杂质。

(3)浸泡漂洗 将草莓浸泡在5%食盐水中10~15秒钟,以驱除果内小虫,然后再经两道清水漂洗,去除草莓表面的盐水和其他杂质。

(4)检验分级 经过漂洗后的草莓,按要求进行检验和分级,并沥干表面水分。

(5)快速冻结 冷冻机网带上温度控制在-35℃~-32℃,冻结时间为10~15分钟,冻结后草莓中心温度应在-18℃以下。

(6)包装贮藏 冻结后的成品在低温间迅速进行装袋、计量、封口,并立即将速冻产品送至-20℃~-18℃的低温库中贮藏。

## (二)速冻桃

**1. 工艺流程**

原料→挑选→清洗→预处理→装盒→加糖液→冻结→冷藏

**2. 操作技术要点**

(1)原料挑选 选择适合于速冻的品种,要求果实新鲜饱满,成熟度在八成左右,具有本品种特有的风味,酸甜适口。白桃为白色至青白色,黄桃为黄色至青黄色。剔除病虫害果、机械损伤果,用机械或人工方法清洗干净。

(2)切半、去核、去皮 用劈桃机将桃子切分成两半,用特制小刀挖去果核。采用碱液去皮,用温度为90℃以上、浓度为30克/升氢氧化钠溶液处理1~2分钟,再用浓度为20克/升柠檬酸溶液中和,然后用清水冲洗。

(3)护色、装盒、加糖液　去皮清洗后的桃子,立即投入到 5 克/升抗坏血酸溶液中护色处理 20 分钟,然后装入纸盒,并注入 40%糖液,果肉与糖液的比例为 1:1。

(4)冻结、冷藏　将注入糖液的装盒桃子送入速冻机进行速冻,在-35℃条件下进行冻结,冻结后贮存于-18℃的冷库中。

## (三)速冻蘑菇

### 1. 工艺流程

原料→挑选分级→清洗→烫漂→冷却→速冻→包装→贮藏

### 2. 操作技术要点

(1)原料要求　选择菌盖完整、色泽洁白、富有弹性、菌柄长度不超过 15 毫米、菌盖直径在 30 毫米左右的不开伞的蘑菇作为速冻原料。

(2)分级　按蘑菇菌盖直径大小分成 3 个等级。

(3)清洗　用清水清洗 2～3 次,以洗去泥沙和杂质。

(4)烫漂　在 100℃沸水中烫漂 3～5 分钟。

(5)冷却　烫漂后迅速将蘑菇投入冷水中,冷却至 10℃以下,并沥干水分。

(6)速冻　将不同等级的蘑菇分别进行速冻,最好采用-35℃的单体快速冻结方式。为保持蘑菇的色泽,切片蘑菇要求在 3～5 分钟内使其中心温度达到-23℃以下,整菇要求在 20 分钟内达到-23℃以下。

(7)包装　采用蒸煮袋进行真空包装。

(8)贮藏　在-23℃～-18℃条件下贮藏。

# 第六章　果蔬糖制

果蔬糖制是利用高浓度糖液的渗透和扩散作用,将果品蔬菜加工成糖制品的加工技术。果蔬糖制品具有高糖、高酸等特点,这不但改善了果蔬的食用品质,赋予了产品良好的色泽和风味,而且提高了产品的贮藏性能。

# 一、果蔬糖制品分类

按加工方法和产品形态,可将果蔬糖制品分为果脯蜜饯和果酱两大类。

## (一)果脯蜜饯类

**1. 湿态蜜饯**　糖制后不烘干,只是稍微沥干,制品表面发黏,果形完整饱满,也可糖制后按罐藏原理保存于高浓度糖液中,如蜜饯海棠、糖青梅、蜜金橘等。

**2. 干态果脯**　糖制后晾干或烘干,不黏手,外干内湿,半透明,某些产品表面裹有一层半透明糖衣或结晶糖粉,如橘饼、梨脯、苹果脯、冬瓜条、糖藕片等。

## (二)果 酱 类

**1. 果酱**　呈黏稠状,也可以带有果肉碎块。

**2. 果泥**　呈糊状,果实经软化打浆或筛滤除渣后得到细腻的果肉浆液,加入适量砂糖(或不加糖)和其他配料,经加热浓缩成稠厚泥状,口感细腻。

**3. 果冻** 将果汁和食糖加热浓缩后制得的凝胶制品。

**4. 果糕** 将果泥加糖和配料后加热浓缩制成的凝胶制品。

**5. 果丹皮** 是将制取的果泥经摊平(刮片)、烘干制成的柔软薄片。

# 二、果蔬糖制工艺

## (一)蜜饯类加工工艺

### 1. 工艺流程

蜜制→配料→烘干→凉果

原料→前处理→漂洗→预煮→糖制→装罐→封罐→杀菌→冷却→湿态蜜饯

糖制→烘干→上糖衣→干态蜜饯

### 2. 操作技术要点

(1)原料选择与处理

①原料选择 选择优质的原料是制得优质产品的关键之一。蜜饯类产品需保持果实或果块形态,一般要求原料肉质紧密,形态完好,耐煮性强。

②去皮、切分、切缝、刺孔 对于果型较大而外皮粗厚的果实品种,应先去皮、除核、适当切分。对于枣、李和梅等果实或金橘、红橘等果皮可食用者,则不宜去皮切分。在果实表面划缝或刺孔,有利于糖煮时糖分的渗入,避免果实失水收缩,还可缩短糖煮时间。

③盐腌 用少量食盐、明矾或石灰腌制的盐坯(果坯),常以半成品方式来保存,以延长生产期限。盐坯腌渍包括盐腌、暴晒、回软和复晒4个过程。盐腌有干腌和水腌两种方式,干腌法适用于

果汁较多或成熟度较高的原料,用盐量依种类和贮存期长短而异,一般为原料重的 14%～18%。腌制时,分批拌盐,分层入池,铺平压紧。下层用盐较少,由下而上逐层增多,表面用盐覆盖隔绝空气,便能较长时间保存。腌渍程度以果实呈半透明为度。

④保脆和硬化　为了提高果肉的硬度,增加原料的耐煮性和酥脆性,在糖制前常对原料进行硬化处理。即将原料放入石灰、氯化钙、明矾、亚硫酸氢钙稀溶液中,使其离子与原料中的果胶物质生成不溶性盐类,使组织坚硬耐煮。一般用 0.1% 氯化钙与 0.2%～0.3% 亚硫酸氢钠混合液浸泡原料 30～60 分钟,可起到护色兼保脆的双重作用。硬化剂的选用、用量及处理时间必须适当,过量会生成过多钙盐或引起部分纤维素钙化,从而降低果实对糖的吸收,而使产品质地粗糙。

⑤硫处理　在糖制前进行硫处理,既可抑制氧化变色,又能促进糖液的渗透。方法主要有熏硫和浸硫。

⑥染色　樱桃、草莓等原料,在加工过程中常失去原有的色泽。因此,常需人工染色,以增进制品的感官品质。染色方法:将果实直接浸于色素液中染色,或将色素溶于糖液中在糖制的同时完成染色,常用明矾作为染媒。

⑦漂洗和预煮　凡经腌制、染色、硫处理及硬化处理的原料,在糖制前均需漂洗和预煮,除去残留的食盐、染色剂、二氧化硫、石灰或明矾,以免对制品产生不良影响。预煮还具有排除氧气和钝化酶活性,防止氧化变色,利于糖分渗入和脱苦、脱涩等作用。

(2)糖制(糖渍)　糖制是加工蜜饯类产品的主要工序,糖制是使糖液中的糖分依靠扩散作用先进入到果蔬原料的组织细胞间隙,再通过渗透作用进入细胞内,最终达到要求的含糖量。糖制方法有蜜制(冷制)和煮制(热制)两种。蜜制适用于皮薄多汁、高温煮制易烂的原料;煮制则适用于质地紧密、耐煮性强的原料。

①蜜制　蜜制是指用糖液进行糖渍,使制品达到要求的糖度。

此法特点在于分次加糖,不对果实进行加热,能很好保存果实原有的色泽、风味和营养价值,并使产品保持应有的形态。缺点是渗糖速度慢,生产周期长。根据具体操作分以下几种蜜制方法。

第一,分次加糖法。在蜜制过程中,将需要加入的食糖分 3~4 次加入,分次提高蜜制的糖浓度。具体方法:原料加糖糖渍使糖度达到 40%,再加糖使糖度达到 50%,然后加糖将糖度提高至 60%,如此反复,直到糖度达到要求。

第二,一次加糖多次浓缩法。在蜜制过程中,分次将糖液倒出,加热浓缩,提高糖浓度后,再将糖液趁热回加到原料中继续糖渍。冷果与热糖液接触,由于存在温差和糖浓度差,加速了糖分的扩散渗透,其效果优于分次加糖法,工艺流程如下:

原料→糖渍(糖度 30%)→过滤→浓缩糖液→糖渍(糖度 45%)→过滤→浓缩糖液→糖渍(糖度 60%)→过滤浓缩糖渍至终点

第三,减压蜜制法。将果实放在减压锅内抽空,降低果实内部蒸汽压,然后破除真空。因外压大,促使糖分渗入果实内。具体工艺流程如下:

原料→30%糖液抽空(986.58 千帕,40~60 分钟)→糖渍(8 小时)→45%糖液抽空(986.58 千帕,40~60 分钟)→糖渍(8 小时)→60%糖液抽空(986.58 千帕,40~60 分钟)→糖渍至终点

第四,蜜制干燥法。在蜜制后期,取出半成品晒制,使之失去部分水分(20%~30%),再蜜制至终点。此法可减少糖的用量,降低成本,缩短糖渍时间,凉果的蜜制多用此法。

②煮制　又称糖煮。加糖煮制能使糖分迅速渗入原料组织,缩短加工时间,但维生素损失较多,色、香、味较差。煮制分常压煮制和减压煮制两种,常压煮制又有一次煮制、多次煮制和快速煮制之分;减压煮制又分为减压煮制和扩散法煮制两种。

第一,一次煮制法。将预处理好的原料在加糖后一次煮制成

成品,苹果脯、蜜枣等均采用此法。煮制时,先配40%糖液入锅,将处理好的果实倒入,加大火使糖液沸腾,果实内水分逐渐排出,糖液渐稀,然后分次加糖,使糖浓度缓慢增高至60%～65%为止。此法虽省工,但持续加热时间长,原料易烂,色、香、味较差,维生素损失较多,糖分渗入不易均匀,致使原料失水过多而出现干缩现象,影响产品品质。

第二,多次煮制法。用30%～40%糖液煮到原料稍软时,放冷糖渍24小时。之后,每次煮制糖浓度均增加10%、煮沸2～3分钟,如此3～5次,直到糖浓度达60%以上为止。多次煮制法,每次加热时间短,加热和冷却交替进行,逐步提高糖浓度,产品质量较好,适用于细胞壁较厚、易发生干缩和易煮烂的柔软原料或含水量高的原料。但存在加工周期过长,煮制过程不能连续化,费工、费时、需较多容器等缺点。

第三,快速煮制法。将原料在糖液中交替加热糖煮和放冷糖渍,使果实内部水汽压迅速消除,加速糖分渗透而达平衡。处理方法是将原料先在30%糖液中煮沸4～8分钟,随即取出原料浸入等浓度的15℃糖液中冷却2～3分钟,然后将原糖液浓度提高10%,如此重复操作4～5次,直到浓度达到要求,完成煮制过程。此法省时,可连续操作,所得产品质量较好,但需准备足够的冷糖液。

第四,减压煮制法,又称真空煮制法。原料在一定真空度和较低温度下煮沸,原料组织内部压力降低,糖分能迅速渗入达到平衡。此法温度低,渗糖快,与常压煮制相比,能较好保持制品的色、香、味及营养,具体工艺流程如下:

原料→煮软→25%糖液中抽空(85.33千帕,4～6分钟)→糖渍→40%糖液抽空(85.33千帕,4～6分钟)→糖渍→60%糖液抽空(85.33千帕,4～6分钟)→糖渍

第五,扩散煮制法。此法是用浓度由低到高的几种糖液,对装

在一组真空扩散器的原料,连续多次进行浸渍,逐步提高糖液浓度。操作时,先将原料密闭在真空扩散器内,抽空排除原料组织中的空气,而后加入95℃热糖液,待糖分扩散渗透后,将糖液顺序转入另一扩散器内,再在原来的扩散器内加入较高浓度的热糖液,如此连续进行几次,即达到产品要求的糖浓度。此法采用真空处理,煮制效果好,可连续操作。

(3)烘晒与上糖衣　除糖渍蜜饯外,多数制品在糖制后需适当烘晒,除去部分水分,以利于保藏。烘烤温度以50℃～65℃为宜,烘烤后的蜜饯应保持完整、饱满、不皱缩、不结晶、质地致密柔软的状态,水分含量为18%～22%,含糖量为60%～65%。包糖衣时将干燥后的蜜饯用过饱和糖液浸泡一下取出冷却,或将过饱和糖液浇在蜜饯的表面上,糖液在制品表面上凝结成一层晶亮的糖衣薄膜,使制品不黏结、不返砂、不吸湿,增强保藏性,这种产品称糖衣蜜饯。在未完全干燥的蜜饯表面,撒上结晶糖粉或白砂糖拌匀,筛去多余糖粉,即得晶糖蜜饯。

(4)包装和贮藏　包装既要达到防潮、防霉、便于运输和保藏的目的,又要具备美观、大方、新颖和反映制品特色,使产品具有更强的市场竞争力。干态蜜饯或半干态蜜饯的包装主要以防潮防霉为主,一般是先用塑料食品袋包装,再辅以外包装材料。颗粒包装、小包装和大包装,已成为新的发展趋势。每块蜜饯先用透明玻璃纸包好,再装入塑料食品袋或硬纸包装盒内,然后装箱。湿态蜜饯则应符合罐头食品的包装要求,在装罐、密封后,用90℃进行巴氏杀菌20～30分钟,取出冷却。

贮存糖制品的库房要清洁、干燥、通风,库房地面要用隔潮材料铺垫。库房温度保持在12℃～15℃,避免温度过低而引起蔗糖晶析。对不进行杀菌和不密封的蜜饯,宜将空气相对湿度控制在70%以下。贮存期间如发现制品有吸湿变质现象,不严重时可放入烘房复烤,冷却后重新包装;受潮严重但未变质的制品,要重新煮制烘干后复制为成品。

## （二）果酱类加工工艺

### 1. 工艺流程

　　　　　　　　装盘→冷却成型→果丹皮、果糕类

　　　　　　　　↑

原料处理→加热软化→配料→浓缩→装罐→封罐→杀菌→果酱、果泥

　　　　　　　　↓

　　　　　取汁过滤→配料→浓缩→冷却成型→果冻

### 2. 操作技术要点

（1）原料选择与处理

①原料选择　　生产果酱类制品要求选用果胶和果酸含量高，芳香浓郁，品种优良的原料。但不同产品对原料的要求有所不同，如果酱宜选用易于破碎、芳香浓郁、色泽鲜艳的柑橘、凤梨、苹果、草莓、杏、山楂、番茄等果实为原料；果冻类和果糕类则宜选用果胶和果酸含量高的果实，如以山楂、柑橘、酸樱桃、番石榴以及酸味浓的苹果为原料。

②原料处理　　原料应先剔除霉烂、成熟度低、受伤严重的不合格果实，再按不同种类的产品要求及成熟度高低，分别进行清洗、去皮、去核、切块（莓果类及全果糖渍品原料要保持全果浓缩），最后进行修整（彻底去除斑点、虫害等部分）。去皮、切块后易变色的原料，应及时浸入食盐水或其他护色液中，并尽快加热软化，破坏酶的活性。

（2）加热软化　　加热软化的目的主要是破坏酶的活性，防止褐变和果胶水解；软化果肉组织，便于打浆或糖液渗透；促使果肉组织中果胶的溶出，有利于凝胶的形成；蒸发一部分水分，缩短浓缩时间；排除原料组织中的气体，以得到无气泡的酱体。生产果冻的果实，软化后需经过榨汁、过滤等处理。加热软化时升温要快，沸

水投料,每批投料不宜过多,时间依原料种类及成熟度而异,生产流程要紧凑合理,防止长时间加热影响风味和色泽。

(3)取汁过滤 生产果冻等透明或半透明糖制品时,果蔬原料加热软化后,用压榨机压榨取汁。对于汁液丰富的浆果类果实压榨前不用加水,直接取汁;对肉质较坚硬致密的果实如山楂、胡萝卜等软化时,加适量水,以便压榨取汁。压榨后的果渣为了使可溶性物质和果胶更多的溶出,应再加一定量的水软化,再进行1次压榨取汁。大多数果冻类产品取汁后不用澄清和精滤,而一些要求完全透明的产品则需用澄清的果汁。常用的澄清方法有自然澄清、酶法澄清、热凝聚澄清等。

(4)配料 根据原料的种类和产品要求选择配料,一般要求果肉(果浆)占总配料量的40%~55%、砂糖占45%~60%(其中允许使用淀粉糖浆,用量占总糖量的20%以下),果肉与加糖量的比例为1:1~1.2。为使果胶、糖、酸为恰当的比例,以利于凝胶的形成,可根据原料所含果胶及酸的多少,必要时添加适量柠檬酸、果胶或琼脂。

(5)浓缩 浓缩的目的主要是去除果肉中大部分水分;破坏酶的活性并杀灭有害微生物;使砂糖、酸、果胶等配料与果肉煮至渗透均匀,改善酱体的组织形态及风味。加热浓缩目前主要采用常压和真空浓缩两种方法。浓缩终点通常通过对原料可溶性固形物的测定来判断,主要用折光计测定,或凭经验根据原料的温度和黏稠度来判定。

(6)包装与杀菌 将浓缩后的果酱、果泥直接装入包装容器中密封,在常温或高压下杀菌,冷却后即为成品。

## (三)果蔬糖制品常见质量问题及控制措施

**1. 返砂与流汤** 返砂和流汤的产生主要是由于糖制品在加工过程中,糖液中还原糖的比例不适合或贮藏环境条件不当,引起糖制品出现糖分结晶(返砂)或吸湿潮解(流汤)。控制措施:在加工过程中注意加热的温度和时间,控制好还原糖的比例;贮藏时控制适宜稳定的温度。

**2. 煮烂与干缩** 果脯加工中,果实种类选择不当,加热的温度和时间不合适,预处理方法不正确以及浸糖数量不足,均会引起煮烂和干缩现象。控制措施:对于煮烂现象主要是选择成熟度适宜的果实为原料,煮前用1%食盐水热烫几分钟,注意煮制的温度和时间。对于干缩现象主要是调整糖液浓度和浸渍时间。

**3. 成品颜色褐变** 在加工过程及贮藏期间均可能发生变色,在前处理过程变色的主要原因是酶促褐变,在整个加工过程和贮藏期间还伴随非酶褐变。控制措施:针对酶促褐变主要是做好护色处理,即去皮后要及时浸泡于盐水或亚硫酸盐溶液中,含气高的还需进行抽空处理,在整个加工过程中尽可能缩短与空气接触的时间,防止氧化。防止非酶褐变应在加工过程中尽可能缩短受热处理的时间,果脯类贮藏环境控制较低的温度。对于易变色品种最好采用真空包装,销售时注意避免暴晒。

# 三、果蔬糖制生产实例

## (一)蜜饯类产品

**1. 杏 脯**

(1)工艺流程

原料选择→清洗→切半去核→浸硫护色→糖煮→糖渍→烘制→包装→成品

(2)操作技术要点

①原料选择 选择色泽橙黄,质地柔韧、纤维少,肉厚核小,易离核,甜酸适宜,香味浓郁的杏果,成熟度八成左右。

②原料处理 剔除残伤、病虫果,将杏果洗净后切半、去核。

③浸硫处理 将去核的杏放入0.2%～0.3%亚硫酸氢钠溶

液中浸泡 20～30 分钟,捞出后用清水冲洗去掉硫味。

④糖煮 采用多次糖煮和糖渍法,逐步提高糖液浓度。第一次糖煮和糖渍:将处理好的原料杏放入 40％糖液中,煮沸 10 分钟左右,待果面稍有膨胀并出现大气泡时,倒入缸内糖渍 12～24 小时,糖渍时糖液要浸没果面。第二次糖煮和糖渍:糖液浓度 50％,煮制 2～3 分钟后糖渍 12～24 小时。糖渍后捞出,杏凹面向上晾晒,让水分自然蒸发。当杏果干燥至 7 成干时,进行第三次糖煮。第三次糖煮:糖液浓度 70％,煮制 15～20 分钟,捞出杏果沥去糖液,以利于快速干燥。

⑤烘制 烘制时将杏内心朝上铺于烤盘中送入烘房,烘制温度为 60℃～65℃,烘烤 24～36 小时,至杏表面不黏手富有弹性时取出。为防止焦化,烘制温度不能高于 70℃,并间歇地翻动。

⑥包装 将烘好的杏脯进行适当的回软,整形后装入食品包装袋,再装入纸箱内,于通风干燥处保藏。

(3)产品质量指标 杏肉呈淡黄色至橘黄色,略显透明,组织饱满,形状扁圆,大小一致,质地软硬适度,酸甜适口,具有原果风味,无异味。含水分 18％～22％(低糖杏脯 20％～30％),含糖量 60％～65％(低糖杏脯 35％～55％),硫含量(以 $SO_2$ 计)不超过 0.1％。

**2. 糖冬瓜条脯**

(1)工艺流程

原料选择→去皮→切分→硬化→预煮→糖液浸渍→糖煮→干燥→包糖衣→成品

(2)操作技术要点

①原料选择 选用肉厚籽少、肉质致密、新鲜完整的冬瓜为原料,成熟度以坚熟为宜。

②去皮切分 洗净冬瓜表面泥沙后,手工或机械法削去瓜皮,切半挖去瓜瓤,切成长约 5 厘米、宽 1.5～2 厘米的小条。

③硬化　将瓜条投入 0.5％～1.5％石灰水中,浸泡 8～12 小时,使瓜条硬化,以能折断为度。然后捞出,用清水除尽石灰水残液。

④预煮　将漂洗干净的瓜条投入煮沸的水中热烫 5～8 分钟,至瓜条透明下沉为宜,捞出用清水漂洗 3～4 次。

⑤糖液浸渍　将瓜条捞出沥干水分,在加有 0.1％亚硫酸钠的 20％～25％糖液中浸渍 8～12 小时,然后将糖液浓度提高至 40％左右再浸渍 8～12 小时。

⑥糖煮　将处理好的瓜条称重,按 15 千克瓜条用 12～13 千克砂糖的比例,将砂糖的一半配成 50％糖液,放入夹层锅内煮沸,倒入瓜条续煮,剩余的糖分 3 次加入,至糖液浓度达 75％～80％时即可出锅。

⑦干燥及包糖衣　瓜条经糖煮捞出后即可烘干。如果糖煮终点的糖液浓度较高,待锅内糖液渐干且有糖的结晶析出时,将瓜条迅速出锅,使其自然冷却,返砂后即为成品,这样可以省去烘干工序。干后的瓜条需要包一层糖衣,方法是先将砂糖少许放入锅中,加几滴水,微火溶化,不断搅拌,使糖中水分不断蒸发,当糖呈粉末状时,把干燥的瓜条倒入拌匀即可。

(3)产品质量指标　产品质地清脆,外表洁白,饱满致密,味甘甜,表面有一层白色糖霜。

**3. 蜜枣**　蜜枣,因南北方所采用的加工方法不同,其制品各具特色。南方蜜枣以小锅煮制,煮制时间短,制品色泽较深,不透明,较干燥,质地松脆,外有部分糖结晶,但内部柔软,保藏性较好。北方蜜枣,以大锅煮制,煮前原料需经硫处理,煮制时间较长,蔗糖转化较多,因而色淡,半透明,不结霜。

(1)工艺流程

原料选择→切缝→熏硫→糖制→烘烤→整形→分级→包装→成品

（2）操作技术要点

①原料选择　选用果型大、肉厚核小、肉质疏松、皮薄而韧的品种，鲜枣应于青转白时采收。按大小分级，分别加工，每千克有100～120个枣为最好。

②切缝　将枣洗净沥干，用小刀或切缝机将枣果划缝60～80条，划缝深度以果肉的一半为宜。太深糖煮时易烂，太浅糖分不易渗透，同时要求纹路均匀、两端不切断。

③熏硫　北方蜜枣在切缝后一般要进行硫处理。将切缝后的枣果装筐，放入熏硫室，硫磺用量为果重的0.3%，熏硫处理30～40分钟，至果实汁液呈乳白色即可。也可用0.5%亚硫酸氢钠溶液浸泡1～2小时。南方蜜枣不进行硫处理，在切缝后直接糖制。

④糖制　北方蜜枣以大锅煮制，先配制40%～50%糖液，用糖液35～45千克与枣果50～60千克同时下锅煮沸，加枣汤（上次煮枣后的糖液）2.5～3千克再煮沸，如此反复3次后，开始分6次加糖煮制。第一次至第三次每次加糖5千克、枣汤2千克，第四次、第五次每次加糖7～8千克，第六次加糖10千克左右，煮沸20分钟，而后连同糖液入缸糖渍48小时。每次加糖（枣汤）均在沸腾时进行，整个糖煮时间为1.5～2小时。

南方蜜枣以小锅煮制，每锅用枣9～10千克、白糖6千克、水1升，采用分次加糖一次煮成法，煮制时间为1～1.5小时。方法是先将白糖3千克、水1升溶化煮沸后，加入枣果大火煮沸10～15分钟。再加白糖2千克，迅速煮沸后加枣汤4～5千克，煮至温度为105℃、含糖65%时停火。而后连同糖液倒入另一锅内，糖渍40～50分钟，期间每隔10～15分钟翻拌1次，最后沥去糖液，进行烘烤。

⑤烘烤　沥干的枣果，送入烘房烘烤。烘烤分两阶段进行，第一阶段初期温度55℃，中期最高不超过65℃，烘至表面有薄糖霜析出，约需24小时。趁热进行整形，使枣果呈扁腰形、长椭圆形或

元宝形。第二阶段温度为 50℃～60℃,烘至表面不黏手、析出一层白色糖霜为度,需 30～36 小时。

(3)产品质量指标　产品呈橘红色或琥珀色、有光泽、半透明状,形态美观,甜味纯正,质地柔韧,无焦皮,不粘连不黏手,总糖含量 70%,水分不超过 20%。

### (二)果酱类产品

**1. 草 莓 酱**

(1)工艺流程

原料选择→漂洗→去梗、蒂、叶→配料→浓缩→装罐、封口→杀菌→冷却→成品

(2)操作技术要点

①原料选择及处理　选择果胶及果酸含量高、芳香味浓、成熟适度的草莓,将其放入流动水中浸泡 3～5 分钟,分装于有孔筐中,再用流动水洗净泥沙等污物,并漂去梗、萼片、杂质等,剔除不合格果。为提高清洗效果,可在水槽底部通入压缩空气。蒂把要逐个摘去,去净萼片。

②配料　草莓 300 千克、75% 糖液 400 千克、柠檬酸 700 克、山梨酸 250 克,或草莓 100 千克、白砂糖 115 千克、柠檬酸 300 克、山梨酸 75 克。

③浓缩　采用常压或减压真空浓缩方法。常压浓缩法:把草莓倒入夹层锅,先加入一半糖液加热软化,然后边搅拌边加入剩余糖液及山梨酸和柠檬酸,继续浓缩至终点出锅。出锅时应不停搅拌,以防果肉上浮。减压真空浓缩法:将草莓与糖液吸入真空浓缩锅内,控制真空度为 4.7～5.3 千帕、加热软化 5～10 分钟,然后将真空度提高至 8 千帕以上,浓缩至可溶性固形物达 60%～65% 时,加入已溶好的山梨酸、柠檬酸,继续浓缩至终点出锅。

④装罐、封口　出锅后趁热立即装入清洗消毒后的包装容器中,封罐时酱体的温度应在 85℃以上。

⑤杀菌、冷却　杀菌式5～15分钟/100℃进行杀菌,杀菌后分段冷却至38℃。杀菌式也叫杀菌公式,用 $t_1-t_2/T$ 表示,其中 T 为杀菌温度,$t_1$ 为升温至杀菌温度的时间、$t_2$ 为保持杀菌温度的时间。

(3)产品质量指标　产品酱体呈紫红色或红褐色、有光泽、均匀一致,具有原果风味,酸甜可口,无焦烟味及其他异味。组织状态呈胶黏状,无糖的结晶,块状酱可保留部分果块,泥状酱的酱体细腻。可溶性固形物(以折光度计)不低于65%。

**2. 胡萝卜泥**

(1)工艺流程

原料选择→清洗→去皮→切分→预煮→打浆→配料→浓缩→装罐、封口→杀菌→冷却→成品

(2)操作技术要点

①原料选择　选用胡萝卜素含量高,成熟适度而未木质化,红色或橙红色,皮薄肉厚,纤维少,无糠心的新鲜胡萝卜为原料。

②清洗、去皮　用流动水冲净泥污。采用碱法去皮,用95℃的3%～8%氢氧化钠溶液处理胡萝卜1～2分钟,处理后投入流动水中漂洗冷却,冲洗掉余碱。

③切分、预煮　用手工或机械将胡萝卜切成均匀一致的薄片。待夹层锅内的水温达到95℃～100℃后,放入胡萝卜薄片煮沸6～8分钟,使原料煮透,达到软化组织的目的。

④打浆　将胡萝卜片送入双道打浆机或刮板式打浆机,趁热打浆2～3次,得到泥状浆料,打浆机的筛板孔径为0.4～1.5毫米。

⑤配料　胡萝卜泥100千克、砂糖50千克、柠檬酸0.3～0.5千克、果胶粉0.6～0.9千克。先将果胶粉与砂糖混匀,加入10～20倍水溶化,再制备浓度为50%柠檬酸溶液,然后将两者混合搅拌均匀备用。

⑥浓缩　将胡萝卜泥与配制好的糖、果胶粉和柠檬酸混合液倒入夹层锅内,充分搅拌加热至可溶性固形物达40％～42％时出锅。

⑦装罐、封口　趁热装罐,酱体中心温度不低于85℃,装罐后立即封罐。

⑧杀菌、冷却　杀菌式10～25分钟/112℃,杀菌后分段冷却至38℃。

(3)产品质量指标　产品色泽橙红、鲜艳,酱体细腻,均匀一致,无碎块,无杂质。酸甜适口,无异味。可溶性固形物达40％～42％。

### 3. 柑橘马茉兰

(1)工艺流程

原料选择、处理→取汁→果皮软化、脱苦→糖制→配料→浓缩→装罐、封口→杀菌→冷却→成品

(2)操作技术要点

①原料选择、处理　选用色泽鲜亮、无病虫疤、新鲜成熟的柠檬、橙或蕉柑为原料,清洗干净后纵切成2片或4片,剥皮并削去果皮上的白色组织部分,然后将果皮切成长2.5～3.5毫米、宽0.5～1毫米的条状。

②取汁　果肉榨汁,经过滤澄清,果肉渣加适量水加热搅拌30～60分钟,提取果胶液,经过滤澄清后与果汁混匀。

③果皮软化、脱苦　用5％～7％食盐水煮果皮,煮沸20～30分钟,或用0.1％碳酸钠溶液煮沸5～8分钟,用流动水漂洗4～5小时,果皮即软化脱苦。

④糖制　果皮条以50％糖液加热煮沸,浸渍过夜(头天白天开始浸渍,经过1夜至翌日),再加热浓缩至可溶性固形物含量为65％时出锅。

⑤配料、浓缩　果汁50千克、糖渍的果皮16～20千克、砂糖34千克、淀粉糖浆33千克、果胶粉(以成品计)约1％、柠檬酸(以

成品计)0.4%～0.6%。采用常温或真空浓缩至可溶性固形物含量达 66.5%～67.5%停止浓缩出锅。

　　⑥装罐、封口　趁热装罐,密封,罐中心温度为 85℃～90℃。

　　⑦杀菌、冷却　杀菌式 5～10 分钟/85℃～90℃,分段冷却至40℃左右。

　　(3)产品质量指标　产品色泽淡黄色或橙红色,气味芳香,有橘皮的特有风味,质地软滑,富有弹性,酸甜可口。

# 第七章  蔬菜腌制

蔬菜腌制是以新鲜蔬菜为主要原料,经清洗、腌制、脱盐、切分、调味、分装、杀菌等工序,制成腌制产品的过程。蔬菜腌制品又称酱腌菜,在我国有着悠久的历史,经过多年的发展出现了不少独具特色的加工方法和品种,可谓咸、甜、酸、辣、鲜应有尽有。其中许多已成为各地著名的特产,如四川、浙江的榨菜,北京、天津的冬菜,东北的酸菜,江苏扬州酱菜,北京六必居酱菜,河北保定槐茂酱菜,浙江萧山萝卜干等,畅销国内外,深受消费者欢迎。

# 一、蔬菜腌制品分类及特点

根据蔬菜腌制所用原料、腌制方法、发酵程度及风味,腌制品可分为以下几类。

## (一)发酵性蔬菜腌制品

发酵性蔬菜腌制品的特点是腌制时食盐用量较低,在腌制过程中有显著的乳酸发酵现象,通过发酵所产生的乳酸及添加的食盐、香辛料等的综合作用,来保藏蔬菜并增进风味。这类产品有较明显的酸味和特殊的香味,根据腌制处理方法的不同,可分为干盐处理和盐水处理两类。干盐处理是先将菜体晾晒,使之萎蔫失去部分水分,然后用食盐揉搓后入缸腌制,通过自然发酵产生酸味,如东北酸菜。盐水处理是将蔬菜放入调制好的盐水中,任其进行乳酸发酵产生酸味和特殊的香味,如泡菜等。

### (二)非发酵性蔬菜腌制品

非发酵性蔬菜腌制品的特点是腌制时食盐用量较高,使乳酸发酵完全受到抑制或只进行轻微发酵,主要是利用高浓度的食盐、糖及其他调味品来保藏和增进风味。根据所含配料、水分和味道的不同,分为咸菜、酱菜、糖醋菜3类。

**1. 咸菜类**　咸菜类制品是一种腌制方法比较简单的大众化蔬菜腌制品,利用较浓的盐液来保藏蔬菜,并通过腌制改进蔬菜的风味。根据产品状态不同有湿态、半干态和干态之分。

(1)湿态　在腌制过程中,有轻微的乳酸发酵,制成成品后菜不与菜卤分开,如腌白菜、腌萝卜、腌雪里蕻等。

(2)半干态　在腌制过程中,经过一定程度乳酸发酵,制成品后菜与菜卤分开,如榨菜等。

(3)干态　利用盐渍先脱去一部分水分,再经晾晒或干燥使其制品水分降至15%左右的腌制品,如梅干菜、干笋等。

**2. 酱菜类**　将经过盐腌的蔬菜浸入酱或酱油内进行酱渍,使酱液中的鲜味、芳香味和色素、营养物质等渗入蔬菜组织内部,增进制品的风味。酱腌菜的共同特点是无论何种蔬菜均先进行盐腌制成半成品咸坯蔬菜,而后再酱渍成酱菜。根据干湿状态不同可分为卤性酱菜和干态酱菜。

(1)卤性酱菜　由各种咸坯蔬菜经选料、切制、去咸,再以酱或酱油等调料浸泡、酱渍,制成的滋味鲜甜的酱菜,如酱萝卜头、酱乳黄瓜等。

(2)干态酱菜　干态酱菜主要用鲜、咸大头芥及腌萝卜为原料,经加工制成细丝、橘片、蜜枣等形状,如龙须大头芥、蜜枣萝卜头等。

**3. 糖醋菜类**　蔬菜经过盐腌后,浸入配制好的糖液、醋液或糖醋液中,使制品酸甜适口,并利用糖醋的防腐作用保藏蔬菜,如糖醋大蒜、糖醋萝卜等。

# 二、蔬菜腌制工艺

## (一)咸菜类制品腌制工艺

### 1. 工艺流程

原料→选择→整理→清洗→晾晒→盐腌→倒缸→封缸→成品

### 2. 操作技术要点

(1)原料选择  根据蔬菜的品种、形态、成熟度和新鲜度等选择加工原料,一般应选择产量高、固形物含量高、肉质肥厚紧密、质地脆嫩、粗纤维少、七八成熟且新鲜无病虫害的蔬菜作腌制原料。

(2)原料预处理  根据各类蔬菜的特点,将选择好的原料进行削根、去皮,摘除老叶、黄叶,剔除畸形、有损伤、腐烂变质等不合格部分。根据蔬菜的特点和生产规模选择不同的清洗方式。洗涤水槽(池)适用于各类蔬菜,其设备简单,操作方便,但劳动强度大,生产效率低。振动式喷洗机生产效率高,适宜大规模生产。滚筒式洗涤机适用于质地较硬、表面耐摩擦的原料。根据制品工艺要求,有的蔬菜在腌制前需进行晾晒,以脱除部分水分,使菜体萎蔫柔软,在盐腌处理时不致折断,食盐用量也可相对减少,同时可减少盐腌时菜体内营养物质的流失。

(3)盐腌  蔬菜原料经过处理后,要及时按比例添加食盐进行腌渍,利用盐卤高渗透压的作用,对原料蔬菜的品质进行固定和保鲜。有些蔬菜可制成咸菜坯,长期保存,作为加工酱菜类产品的半成品。食盐腌渍蔬菜有干腌法和湿腌法两种。

①干腌法  干腌法就是在腌制时只加食盐不加水,这种方法适用于含水量较多的蔬菜,如萝卜等。干腌法又分两种:一是加压干腌法。将处理后的蔬菜和食盐,按一定的配比一层菜一层盐,逐层装入缸(池)中,底层盐要比上层盐少一些(一般中部以下用盐量为40%,中部以上用盐量为60%),菜的顶部再撒一层封缸盐,最

上面加盖木排,再压上石头或其他重物即可。这种腌制方法是利用重石的压力和食盐的渗透作用,使蔬菜部分水分外渗,将食盐溶解形成盐卤,逐步淹没菜体,使之充分吸收盐分。由于这种方法在腌制过程中只加盐不加水,可使菜坯保藏在蔬菜的原汁盐卤中,所腌制的成品可保持蔬菜原有的鲜味。二是不加压干腌法。这种腌制方法与加压干腌法的区别在于腌菜时不用重物压菜。根据加盐次数不同,又有双腌法和三腌法之分,即分 2 次和 3 次加盐。例如,在腌制水分较高的黄瓜时,可先用少量食盐腌制 1～3 天,待渗出大部分水分后,将菜坯捞出,沥去卤水,再第二次或第三次添加食盐进行腌制。这种腌制方法能最大限度地使制成的咸菜坯保持舒展、饱满、鲜嫩的外观与质地;如一次加入大量的食盐,会造成蔬菜组织中的水分骤然大量流失,从而导致菜体严重皱缩。

　　②湿腌法　湿腌法就是在加盐的同时加入适量的清水或盐水。这种方法适用于含水量较少、个体较大的蔬菜品种,如芥菜、苤蓝等。湿腌法又分为浮腌法和泡腌法。浮腌法:这种方法是使用陈年老汤,每年添加大粒盐腌制新菜,使菜漂浮在盐液中,并定时进行倒缸。菜汤经较长时间被太阳照射,水分蒸发菜卤浓缩,这样年复一年,咸菜坯和盐卤逐渐变为红色,便形成了一种老腌咸菜。这样腌制的咸菜香味浓郁、口感清脆。泡腌法:这种方法是先将经过预处理的蔬菜放入池内,然后加入预先溶解好的食盐水(浓度为 18 波美度),经 1～2 天后,由于菜体水分的渗出而使盐水浓度降低,用泵将盐卤水抽出,在原盐卤中添加适量食盐,将浓度调至 18 波美度,再将调制后的盐水打入池中,如此反复循环 7～15 天,将菜浸没于盐卤中进行腌制。

　　(4)倒缸(池)　倒缸是蔬菜腌制过程中不可缺少的工序,就是将腌制品在腌制容器中上下翻动,或使盐水在池中上下循环的过程。通过倒缸,可以使呼吸作用产生的大量积聚热,随着菜体的翻动和盐水的循环而散发,防止蔬菜因伤热而败坏;食盐与菜体及渗出的水分加强接触,使蔬菜吸收的盐分均匀一致;使腌制初期产生的苦涩味、辛辣味等不良气味随着倒缸散发出去。

倒缸方法有两种:一是用缸腌制时,先将第一口缸中的蔬菜倒入一口空缸中,再依次将后面缸中的蔬菜倒入前面缸中,通过倒缸,可使菜坯在缸中的位置上下进行倒换。二是用菜池腌制时,可用水泵抽取池中的盐卤,再淋浇于池中的菜体上,使盐水在池中进行上下循环。

(5)封缸(池)  盐渍时间因蔬菜品种和用途而异,一般需 30 天左右。如暂不食用或用于加工,则可进行封缸保藏,具体做法有封缸和封池之分。

①封缸  封缸就是将腌好的咸菜或半成品菜坯,如同倒缸一样,倒入空缸后压紧,菜面距缸口留 10～15 厘米的空隙,盖上竹篾,压上石块,然后将原盐水澄清后灌入缸内。盐水浓度要达到 18～20 波美度,并使盐水淹没竹篾盖 7～10 厘米,最后盖上缸罩或缸篷,即可保存。

②封池  用菜池腌制时,可将菜坯一层层踩紧,最上面盖上竹篾或竹席,压上石块、木檩或其他重物,用泵将经过澄清的盐水灌入,并使盐水淹没席面 10 厘米左右,进行封池保存。

在封缸或封池期间,要定期检查盐水浓度和其他情况,发现问题及时处理。

## (二)酱菜类制品腌制工艺

### 1. 工艺流程

咸菜坯→切分→脱盐→沥水→酱制→成品

### 2. 操作技术要点

(1)咸菜坯  咸菜坯是生产酱菜类制品的半成品,其原料选择和腌制方法与前述咸菜类腌制品的制作方法基本相同。

(2)切分  咸菜坯在酱制前应根据蔬菜品种、工艺要求和成品特点等进行适当切分,以利于脱盐、脱水操作和对酱或酱油色、香、味的吸收与渗透。切分可以手工操作，也可以采用不同型号的机械来完成。可以将菜坯切成片、丝、条、段、块以及各种花形。

（3）脱盐、沥水 脱盐又称"拔淡"。经盐腌后的咸菜坯含盐量较高，不易吸收酱汁，而且带有苦味，因此在酱制前需脱除菜坯内的部分盐分和苦味。脱盐方法应根据菜坯品种和含盐量多少而定，一般是将菜坯浸泡在清水中，加水量与菜坯的比例为 1∶1，水要淹没菜坯。浸泡时间依加工季节、切分的大小以及含盐量的多少而有所不同，一般浸泡 1～3 天。为了使菜坯脱盐较均匀，浸泡时要换水 2～3 次。脱盐后菜坯的含盐量在 10% 左右为宜。脱盐后捞出沥去菜坯表面的水分和内部所含的部分水分，即为"脱水"。对于压榨后容易还原的菜坯，如芥菜丝和萝卜丝，可采取压榨方法脱水。对于压榨后不易还原的菜坯如黄瓜等，则可将其装入竹筐或布袋内，重叠码放，靠自身的重量和压力脱除菜坯内的水分。

（4）酱制 菜坯经过脱盐后，放入酱或酱油中浸渍，由于脱盐后的菜坯内所含溶液浓度低于酱或酱油的浓度，所以菜坯很容易吸收料液中的各种成分，从而具有酱汁和料液的色泽与风味。同时，由于料液的渗入，也使得菜坯具有饱满的形态。酱制可分为酱渍和酱油渍两种。

①酱渍 酱渍有两种方法：一是直接酱渍法。将脱盐脱水后的菜坯直接浸没在豆酱或甜面酱中进行酱制的方法。这种方法适用于形体较大或韧性较强的菜坯品种，如酱萝卜、酱黄瓜和酱芥菜等。菜坯与酱的比例一般为 1∶(0.7～1)。酱制过程中，每天用酱耙在酱缸中上下搅动 2～3 次，俗称"打耙"，目的是使菜坯吸收酱汁更均匀，色、香、味表里一致。二是袋酱法。将脱盐脱水后的菜坯装入布袋中，用酱淹没覆盖布袋进行酱制。这种方法适用于形体较小、质地脆嫩、容易折断损伤或切分成片、丝、条等形状的菜坯。这类菜坯若直接酱制，与酱混合后则难以分离。袋酱法所用布袋最好选用粗纱布或棉布缝制，其大小一般以每袋装菜坯 2.5～

3 千克为宜,酱的用量同直接法。

②酱油酱渍　将经过切分、脱盐、脱水处理的咸菜坯放入经调味的酱油料液中,菜坯吸附酱油料液的色泽和风味,制成酱油渍制品。用不同配方配制的调味料液浸渍咸菜坯,则可制成不同风味各具特色的酱油渍小菜。酱油渍制品的浸渍时间长短,应根据菜坯种类及气温高低具体掌握,一般切分较细的菜坯酱渍 3～7 天,块较大的菜坯浸渍时间可延长至 7～15 天。

### (三)泡菜类制品腌制工艺

#### 1. 工艺流程

原料选择→预处理→装坛→发酵→成品

#### 2. 操作技术要点

(1)原料选择　腌制泡菜一般选择肉质肥厚、组织紧密、质地脆嫩、不易软化的蔬菜品种,要求原料新鲜,无霉变、破损及病虫害。根菜类如萝卜、胡萝卜,茎菜类如莴笋、蒜薹,叶菜类如大白菜、甘蓝、芹菜、雪里蕻,果菜类如青椒、青番茄、嫩黄瓜等均可用于泡菜腌制。

(2)原料预处理　原料在泡制前要进行适当整理,去掉老黄叶、厚皮及根须等不可食用部分,用清水进行洗涤,对个体较大的蔬菜应进行切分。然后将整理好的原料进行适当晾晒,除去表面水分。

(3)泡菜容器　普通容器难以保持厌氧状态,易于败坏,最好选用专业泡菜坛。泡菜坛用陶土烧制而成,口小肚大,在距坛口边沿 6～10 厘米处设有一圈水槽,槽缘稍低于坛口,坛口上放一菜碟作为假盖,以防止生水进入坛内。

(4)泡菜用水　腌制泡菜的盐水一般要求硬度在 5.7 摩/升以上,以井水或自来水为佳。若水的硬度较低,可在普通水中加入 0.05％～0.1％氯化钙,或用 0.3％澄清石灰水浸泡原料,然后用此水来配制盐水。腌制泡菜的盐水含盐量一般为 6％～8％,最好使用精盐,盐水煮沸晾凉后备用。

(5)装坛　将泡菜坛洗净沥干水分,将洗净切分好的蔬菜原料混合均匀后装入坛内,装至一半时放入调料包,装至八成满时加入配制好的盐水,以淹没蔬菜为度,液面距坛口 6～7 厘米,盖上假盖和坛盖,在水槽中加入冷开水或盐水,形成水槽封口。

(6)发酵和成熟　将封口后的泡菜坛置于阴凉通风处进行自然发酵,发酵期间保持室内温度稳定,避免忽高忽低。泡菜的成熟期随所用蔬菜种类和温度而异,一般夏天需 5～7 天,冬天需 12～16 天。泡菜成熟取出后,适当加盐补充盐水,使含盐量达到 6%～8%,则可加入新菜坯继续泡制。泡制的次数越多,泡菜的风味越好。多种蔬菜混泡或交叉泡制,其风味更佳。

### (四)糖醋类制品腌制工艺

**1. 工艺流程**

原料选择→预处理→盐腌→倒缸→脱盐、沥水→糖醋渍→成品

**2. 操作技术要点**

(1)原料选择与处理　糖醋制品多选用肉质肥厚、致密、质地鲜嫩的蔬菜为原料,如黄瓜、大蒜、蒜薹、洋姜、萝卜等。剔除根须、外皮、老黄叶和病虫害部分,用清水洗干净。

(2)盐腌　将经过处理的原料加盐腌制。盐腌既可除去原料中辛辣等不良气味,又能增强原料组织细胞膜的透性,有利于糖醋液的渗透。盐腌时用盐量为 13%～15%,盐腌过程中定期倒缸。

(3)脱盐　将经过盐腌的菜坯用清水浸泡漂洗,脱除咸菜坯中的部分盐分和不良气味。脱盐后沥干水分。

(4)糖醋渍

①糖醋液的配制　根据不同糖醋制品的特点和要求,按配方配制糖醋液。糖醋液配制后应加热灭菌,冷却后备用。

②糖醋渍　将经过脱盐的菜坯装入缸或坛内,灌入糖醋液,使料液淹没菜坯。然后再放入竹排将菜坯压紧,以防上浮。最后用塑料薄膜将缸(坛)口扎紧,加盖密封,放置于阴凉干燥处,经 1～2

个月即可成熟。

# 三、蔬菜腌制品生产实例

## (一)酱黄瓜

**1. 工艺流程**

黄瓜→盐腌→脱盐、沥水→酱渍→成品

**2. 操作技术要点**

(1)原、辅料配比　鲜黄瓜 100 千克、粗盐 8 千克、甜面酱 80 千克。

(2)原料选择　选用条形顺直、顶花带刺、新鲜无籽的黄瓜为佳,也可采用秋季拉秧的小黄瓜为原料。

(3)盐腌　将黄瓜与食盐按比例装缸盐渍,一层黄瓜一层食盐,顶部再撒上一层盐,然后压上石块进行盐腌。每天倒缸 2 次,连续腌制 3～4 天,使盐分充分渗入黄瓜内。

(4)脱盐　当黄瓜的瓜条由挺拔变软时,将其从缸中捞出,用清水淘洗 2 遍,沥干水分备用。

(5)酱渍　酱渍方法有两种:一是直接酱渍。将沥干水分的黄瓜条倒入缸内,按配料比例加入甜面酱,翻拌均匀,盖好缸盖。酱制 10～15 天即可食用。二是装袋酱渍。将淘洗干净沥干水分的咸黄瓜条装入布袋内,每袋装 2.5～3 千克,扎好袋口放入酱缸内进行酱渍。每天翻动 2～3 次,20 天左右即为成品。

## (二)泡　菜

**1. 工艺流程**

原料处理→料液配制→泡制→成品

**2. 操作技术要点**

(1)原、辅料配比　嫩豇豆 5 千克、甘蓝 5 千克、莴笋 5 千克、胡萝卜5千克、黄瓜5千克、白萝卜5千克、芹菜5千克、大蒜5千克、鲜姜5千克、干红辣椒50克、白酒200克、花椒30克、白糖20克、精盐550克、凉开水30升。

（2）原料处理　将豇豆切成小段，甘蓝撕成小块，黄瓜剖开切段，芹菜、大蒜、鲜姜切成厚片，莴笋、白萝卜、胡萝卜去皮切片或切条，所有原料洗净晾干。

（3）料液配制　将食盐、干红辣椒、花椒、白糖放入容器中，加入白酒和凉开水，搅拌均匀至盐完全溶解。

（4）泡制　将蔬菜原料混匀后放入泡菜坛内至八成满，按紧压实，再倒入配制好的料液，使料液浸没原料。盖严后用盐水密封，7～15天即可食用。

### （三）糖醋大蒜

**1. 工艺流程**

原料选择→盐腌→晾晒→料液配制→泡制→成品

**2. 操作技术要点**

（1）原料选择　选择大小均匀、质地鲜嫩的大蒜，切去根部和假茎，剥去粗老蒜皮，洗净沥干水分。

（2）盐腌　每100千克新鲜蒜头用盐10千克，分层腌入缸中，即一层蒜头一层盐，装至大半缸为止。每天早晚各翻缸1次，连续腌10天即成咸蒜头。

（3）晾晒　将腌好的蒜头从缸中取出，沥干卤水，摊铺在席上晾晒，每天翻动1～2次，晒至100千克咸蒜头减重至70千克左右为宜。

（4）料液配制　按每100千克晒后蒜头用食醋70千克、红糖18千克、甜蜜素60克的比例配料，先将食醋加热至80℃，加入红糖搅拌溶解，稍凉后加入甜蜜素，即成糖醋料液。

（5）泡制　将晒过的咸蒜头装入坛内至2/3的位置，灌入配制好的糖醋料液至接近坛口，密封保存，30天后即可食用。

# 第八章　果酒与果醋酿造

　　果酒是以栽培或野生新鲜果品为主要原料,经人工添加酵母酿制而成的含乙醇饮料。果酒与其他酒类相比有着独特的优点:一是营养丰富,含有多种糖类、有机酸、芳香酯、维生素、氨基酸和矿物质等营养成分,适量饮用,能增加人体营养,有益身体健康。二是果酒生产符合我国酒类发展的方向。随着经济的发展,我国对酒类市场及时进行了调整,酒类市场由高度向低度转变,粮食酒向果酒转变,低档酒向高档酒转变,蒸馏酒向酿造酒转变,果酒的发展是大势所趋。三是果酒在色、香、味等方面各具风韵,不同的果酒,分别体现出色泽鲜艳、果香浓郁、口味清爽、醇厚柔和、回味绵长等不同风格,可以满足不同消费者的饮酒习惯。四是果酒以各种栽培或野生果实为原料,河滩、山地均可发展,不与粮棉争地,还可节约酿酒用粮,具有广阔的发展前景。

# 一、果酒分类

## (一)按酿造方法和成品特点分类

　　**1. 发酵果酒**　即用果汁或果浆经酒精发酵酿造而成的果酒,是目前果酒的主要类别,如葡萄酒、苹果酒、梨酒、枸杞酒等。根据发酵程度不同,分为全发酵果酒与半发酵果酒。

　　**2. 蒸馏果酒**　果品进行酒精发酵后再经过蒸馏所得到的酒,如白兰地、水果白酒等。

　　**3. 配制果酒**　将果实或果皮、鲜花等用食用酒精或白酒浸泡提取,或用果汁加酒精,再加入糖、香精、色素等食品添加剂调配而成的果酒。

**4. 起泡果酒**　以发酵果酒为酒基,经密闭发酵二次产生大量二氧化碳,这些二氧化碳溶解在果酒中,饮用时有明显杀口感的即为起泡果酒。根据原料和加工方法不同可分为香槟酒、小香槟和果品汽酒。

## (二)葡萄酒分类

果酒中以葡萄酒的产量和类型最多。

**1. 按酒的颜色分类**

(1)红葡萄酒　用带皮红葡萄发酵酿造而成。

(2)白葡萄酒　用白葡萄或红皮白肉的葡萄分离取汁发酵酿造而成。

(3)桃红葡萄酒　用红葡萄短时间浸提或分离发酵酿造而成。

**2. 按含糖量分类(以葡萄糖计,克/升葡萄酒)**

(1)干葡萄酒　葡萄糖含量≤4克/升的葡萄酒。

(2)半干葡萄酒　葡萄糖含量4.1~12克/升的葡萄酒。

(3)半甜葡萄酒　葡萄糖含量12.1~45克/升的葡萄酒。

(4)甜葡萄酒　葡萄糖含量≥45.1克/升的葡萄酒。

**3. 按二氧化碳含量分类**

(1)平静葡萄酒　在温度为20℃时,二氧化碳的压力<0.05兆帕的葡萄酒。

(2)起泡葡萄酒　在温度为20℃时,二氧化碳的压力≥0.05兆帕的葡萄酒。起泡葡萄酒又分为:①低泡葡萄酒,即二氧化碳的压力在0.05~0.25兆帕的葡萄酒。②高泡葡萄酒,即二氧化碳的压力≥0.35兆帕的葡萄酒。

# 二、果酒酿造原理与方法

## （一）酵母菌与酒精发酵

**1. 酵母菌**　葡萄酒发酵中最主要的微生物是酵母菌,乳酸菌在发酵过程中也起一定的作用,此外发酵液中还可能存在一些杂菌和有害微生物。葡萄酒发酵可由天然存在的酵母进行自然发酵,也可添加优良的纯粹培养酵母进行葡萄酒发酵。

（1）天然酵母　葡萄酒发酵中的天然酵母主要来源于葡萄本身。在加工过程中,酵母被带到破碎除梗机、果汁分离机、压榨机、发酵罐、贮酒容器、输送管道等设备中,并扩散到葡萄酒厂各处。从树上摘下成熟的葡萄,运至工厂直至加工成葡萄汁,酵母数量是不断增加的,每毫升葡萄汁的酵母细胞数由刚摘下时的 $1 \times 10^3 \sim 1.6 \times 10^5$ 个增至破碎后的葡萄汁 $4.6 \times 10^6 \sim 6.4 \times 10^6$ 个。

（2）纯粹培养酵母　为了确保发酵顺利进行,并获得质量上乘且稳定一致的葡萄酒产品,现代葡萄酒厂往往选择优良的葡萄酒酵母菌种,培养成酒母添加到发酵醪液中进行发酵。另外,为了分解苹果酸、消除残糖、产生香气、生产特种葡萄酒等目的,也可采用有特殊性能的酵母添加到发酵液中进行发酵。

**2. 酒精发酵**　酒精发酵是葡萄酒酿造最主要的阶段,是指果汁中所含的己糖,在酵母菌一系列酶的作用下,通过复杂的化学变化,最终产生乙醇和二氧化碳的过程。可简单表示为:

$$C_6H_{12}O_6 \rightarrow 2CH_3CH_2OH + 2CO_2 \uparrow$$

（1）酒精发酵的主要过程　①葡萄糖磷酸化,生成活泼的1,6-二磷酸果糖。②1分子1,6-二磷酸果糖分解为2分子的磷酸丙酮。③3-磷酸甘油醛转变成丙酮酸。④丙酮酸脱羧生成乙醛,乙醛在乙醇脱氢酶的催化下生成乙醇。

（2）酒精发酵的主要副产物

①甘油　主要是在发酵时由磷酸二羟丙酮转化而来,也有一部分是由酵母细胞所含的卵磷脂分解而形成。甘油可赋予果酒以清甜味,并且可使果酒口味圆润,在葡萄酒中甘油的含量为 $6\sim10$ 克/升。

②乙醛　主要是发酵过程中丙酮酸脱羧而产生的,也可能由乙醇氧化而产生,葡萄酒中乙醛含量为 $0.02\sim0.5$ 克/升。游离乙醛的存在会使果酒具有不良的氧化味,用二氧化硫处理可形成稳定的亚硫酸乙醛,此种物质不影响果酒的风味。

③醋酸　乙醇氧化可生成醋酸,但在无氧条件下,乙醇很少氧化。醋酸为挥发酸,风味强烈,在果酒中含量不宜过多。在正常发酵情况下,果酒的醋酸含量为 $0.2\sim0.3$ 克/升。

④琥珀酸　主要是由乙醛反应生成,或由谷氨酸脱氨、脱羧并氧化而生成。琥珀酸的存在可增进果酒的爽口性。琥珀酸在葡萄酒中含量一般低于 $1$ 克/升。

此外,还有一些由酒精发酵的中间产物——丙酮酸所产生的具有不同味感的物质,如具辣味的甲酸、具烟味的延胡索酸、具榛子味的乙酸酮酐等。果酒在酒精发酵过程中,还有一些来自酵母细胞本身的含氮物质及其所产生的高级醇,如异丙醇、正丙醇、异戊醇和丁醇等,这些醇的含量很低,但是构成果酒香气的主要成分,对果酒的风味起着重要作用。果酒在酒精发酵过程中所产生的酒精达到一定浓度时,可抑制或杀死其他有害的微生物,使果酒得以长期保存。

**3. 影响酒精发酵的主要因素**

（1）温度　葡萄酒酵母菌的生长繁殖与酒精发酵的最适温度为 $20℃\sim30℃$,当温度在 $20℃$ 时酵母菌的繁殖速度加快,在 $30℃$ 时达到最大值,$35℃$ 时其繁殖速度迅速下降,酵母菌呈"疲劳"状态,酒精发酵有可能停止。在 $20℃\sim30℃$ 范围内每升高 $1℃$,发酵速度提高 10%，而发酵速度越快，停止发酵就越早，产生酒精的效率就越低，产生的副产物就越多。因此，要获得较高酒精度的果酒，必须将发酵温度控制在较低的水平。红葡萄酒发酵温度为 26℃～30℃，白葡萄酒和桃红葡萄酒发酵温度为 18℃～20℃。

（2）酸度　酵母菌在微酸性条件下发酵能力最强，当果汁中 pH 值为 3.3～3.5 时，酵母菌能很好地繁殖和进行酒精发酵，有害微生物活动则被有效地抑制。但是，当 pH 值下降至 2.6 以下时，酵母菌也会停止繁殖和发酵。

（3）氧气　在有氧条件下，酵母菌生长发育旺盛，大量地繁殖个体；而在缺氧条件下，个体繁殖被明显抑制，同时促进了酒精发酵。因此，在果酒发酵初期，宜适当多供给些氧气，以增加酵母菌的个体数。一般在破碎和压榨过程中溶入果汁中的氧气，已足够酵母菌发育繁殖需要，只有在酵母菌发育停滞时才需通过倒桶适量补充氧气。如果供氧气太多，会使酵母菌进行好气活动而影响酒精的生成，所以果酒发酵一般是在密闭条件下进行的。

（4）糖分　酵母菌生长繁殖和酒精发酵都需要糖，糖浓度在 2% 以上时酵母菌活动旺盛，但糖分超过 25% 时则会抑制酵母菌活动，达到 60% 以上时由于糖的高渗透压作用，酒精发酵停止。因此，生产酒精度较高的果酒时，可采用分次加糖的方法，这样可缩短发酵时间，保证发酵的正常进行。

（5）酒精和二氧化碳　酒精和二氧化碳都是发酵产物，对酵母的生长和发酵均有抑制作用。酒精对酵母的抑制作用因菌株、细胞活力及温度而异，在发酵过程中对酒精的耐受性差别，便是酵母菌菌群更替转化的主要原因。当酒精含量达到 5% 时尖端酵母菌不能生长；葡萄酒酵母菌则能耐 13% 的酒精，甚至可以耐 16%～17% 的酒精浓度；而贝酵母在 16%～18% 的酒精浓度下仍能发酵，甚至能生成 20% 的酒精。一般生产中经过发酵产生的酒精，不会超过 15%～16%。

在发酵过程中二氧化碳的压力达到 0.8 兆帕时,酵母菌停止生长繁殖;当二氧化碳的压力达到 1.4 兆帕时,酒精发酵停止;当二氧化碳的压力达到 3 兆帕时,酵母菌死亡。工业上常利用此规律,外加 0.8 兆帕的二氧化碳来防止酵母菌生长繁殖,保存葡萄汁。

在较低的二氧化碳压力下发酵,由于酵母增殖少,可减少因细胞繁殖而消耗的糖量,增加酒精产出率,但发酵结束后会残留少量的糖,可利用此方法来生产半干葡萄酒。起泡葡萄酒发酵时,常用自身产生的二氧化碳压力(0.4～0.5 兆帕)来抑制酵母的过多繁殖。加压发酵还能减少高级醇等副产物的生成量。

(6)二氧化硫 果酒发酵一般采用亚硫酸(以二氧化硫计)来保护发酵。葡萄酒酵母菌具有较强的抗二氧化硫能力,当原料果汁中游离二氧化硫含量为 10 毫克/升时,对酵母菌没有明显作用,而对大多数有害微生物却有抑制作用。二氧化硫为 20～30 毫克/升时,可延迟发酵进程 6～10 小时;二氧化硫为 50 毫克/升时,可延迟发酵进程 18～24 小时,而其他有害微生物则完全被杀死或抑制。葡萄酒发酵时,根据葡萄原料的质量以及配制酒的类型不同,二氧化硫的使用量一般为 30～120 毫克/升。

**4. 葡萄酒色、香、味的形成**

(1)色泽 葡萄酒的色泽主要来自葡萄中的花色素苷,发酵过程中产生的酒精和二氧化碳均对花色素苷有促溶作用。发酵时花色素苷由于还原作用,一部分会变为无色,在发酵后期,被还原的花色素苷又重新氧化,使色泽加深。还原型或氧化型的花色素苷,均有可能被不同的化学反应部分地破坏,或因与单宁缩合而被部分破坏。故在发酵阶段,某些酒色泽会加深,而某些酒则色泽减退。在新酒中,花色素苷对红葡萄酒色泽的形成影响较大,单宁也有增加色泽的作用。而白葡萄酒色泽的成因,主要与单宁有关。但在葡萄酒贮存阶段,花色素苷与单宁缩合而继续减少,单宁本身则逐渐氧化缩合，使色泽由黄色变为橙褐色。

（2）葡萄酒香气　葡萄酒香气有3个来源，一是葡萄果皮中含有特殊的香气成分，即葡萄果香。二是发酵过程中产生的芳香，如挥发酯、高级醇、酚类及缩醛等成分。三是贮存过程中有机酸与醇类结合成酯，以及在无氧条件下有些物质还原所生成的香气，即葡萄酒的贮存香。

（3）葡萄酒的口味　葡萄酒的口味成分主要是由酒精、糖类、有机酸等形成的。葡萄本身含有机酸，在酵母发酵过程中，有机酸含量增加，同时由于酵母对有机酸的同化及酒石酸盐的沉淀，使有机酸减少。增酸主要在前发酵期，而减酸作用则发生于葡萄酒的酿造全过程。若发酵条件有利于醋酸菌繁殖且污染较多的醋酸菌，则葡萄酒会呈现醋酸味。

## （二）苹果酸—乳酸发酵

苹果酸—乳酸发酵是在乳酸菌的作用下将苹果酸转化为乳酸，并且释放二氧化碳的过程。近代酿酒科学已经证明，苹果酸—乳酸发酵对葡萄酒品质的影响不仅是降酸，还有风味上的影响，更重要的是关系到葡萄酒的稳定性。经苹果酸—乳酸发酵的红葡萄酒，酸度低，果香、醇香味变浓，口感更加柔和、圆润，生物稳定性高。

## （三）苹果酸—乳酸发酵的控制

生产中苹果酸—乳酸发酵的控制，要视当地葡萄原料的情况、葡萄酒的类型以及对酒质的要求而定。

**1. 葡萄酒的类型**　酿制清爽型的葡萄酒，须防止苹果酸—乳酸发酵；酿制口味较醇厚并适于长期贮存的葡萄酒，可进行或部分进行苹果酸—乳酸发酵。干白葡萄酒要求口感清爽，因此不进行苹果酸—乳酸发酵，酒精发酵结束后，应立即添加150毫克/升二氧化硫。酿制红葡萄酒，通过苹果酸—乳酸发酵，可加速酒的成熟,提高感官品质和稳定性。

**2. 葡萄酒的含酸量**  因葡萄未能正常成熟使葡萄酒太酸,则可利用苹果酸—乳酸发酵降低酸度而提高酒质;但含酸量低的葡萄,则苹果酸—乳酸发酵会使葡萄酒口味乏力且无清爽感。在酿制甜葡萄酒或浓甜葡萄酒时,尽管在苹果酸—乳酸发酵之前补加了适量二氧化硫,但仍然要注意防止污染乳酸菌,以免影响酒质。

若需进行苹果酸—乳酸发酵而发酵液中缺乏具有活性的乳酸菌,则可加入 20%～50%正在进行或刚完成苹果酸—乳酸发酵的酒液,或接入经过滤所得的酒渣,也可将经生物脱酸后的酒液与苹果酸含量高的酒液混合,并在适宜的温度条件下引发苹果酸—乳酸发酵。

**3. 苹果酸—乳酸发酵的管理**  根据条件的差异,苹果酸—乳酸发酵可能在酒精发酵结束后立即触发,也可能在几周以后或在翌年春天触发。因此,应尽量提供良好的条件,促使苹果酸—乳酸发酵尽早进行,以缩短从酒精发酵结束到苹果酸—乳酸发酵触发这一危险期所持续的时间。

(1)温度  进行苹果酸—乳酸发酵的乳酸菌生长的适宜温度为 20℃,要保证苹果酸—乳酸发酵的触发和进行,必须使葡萄酒的温度稳定在 18℃～20℃。因此,在红葡萄酒浸渍结束转罐时,应尽量避免温度的突然下降,在气候较冷的地区或年份,必须对葡萄酒进行升温处理。但必须注意,如果温度高于 22℃,生成的挥发酸含量则较高。

(2)pH 值的调整  苹果酸—乳酸发酵的最适 pH 值为 4.2～4.5,高于葡萄酒的 pH 值。若 pH 值在 2.9 以下,则不能进行苹果酸—乳酸发酵。

(3)通风  酒精发酵结束后,对葡萄酒适量通风,有利于苹果酸—乳酸发酵的进行。

(4)酒精和二氧化硫  酒液中的酒精体积分数高于 10%以

上,则苹果酸—乳酸发酵受到阻碍。乳酸菌对游离态二氧化硫极为敏感,结合态二氧化硫也会影响它们的活动。在大多数温带地区,如果对原料或葡萄醪的二氧化硫处理超过70毫克/升,葡萄酒的苹果酸—乳酸发酵就较难顺利进行。若将酒液降温至5℃,并对葡萄酒进行澄清,则可降低二氧化硫的用量。

(5)其他 将酒渣保留于酒液中,由于酵母自溶而利于乳酸菌生长,故能促进苹果酸—乳酸发酵;红葡萄中的多酚类化合物能抑制苹果酸—乳酸发酵;酒中的氨基酸尤其是精氨酸却对苹果酸—乳酸发酵具有促进作用。

在前发酵结束前,应避免苹果酸—乳酸发酵的启动。在发酵正常时,酵母菌能抑制乳酸菌。但如果酒液温度高达35℃,则会导致酒精发酵中止而残糖偏高。若乳酸菌分解上述残糖,则会造成乳酸菌病害。故在气温高的年份,须注意避免上述现象的发生。如果出现酒精发酵中止的现象,则应立即将酒液中的细菌滤除后,再添加酵母菌继续发酵,并须严格控制品温,密切关注糖量的变化。当苹果酸—乳酸发酵结束后,须立即将酒液倾析以去除细菌,并按具体情况调整酒液中二氧化硫的含量,使游离二氧化硫浓度为20~50毫克/升。

# 三、葡萄酒生产技术

## (一)红葡萄酒酿造

### 1. 工艺流程

红葡萄选别→破碎、除梗→二氧化硫处理→成分调整→浸渍与发酵→压榨→后发酵→过滤→陈酿→调配→过滤→灌装→成品

### 2. 操作技术要点

(1)原料选别 红葡萄酒要求葡萄色泽深、风味浓郁、果香典型、完全成熟,糖分、色素积累到最高而酸分适宜时采收。为了提

高酒质,需除去霉变果粒。为了制造不同等级的酒,进厂的葡萄也必须进行分选。

(2)破碎、除梗 破碎是将葡萄浆果压破,以利于果汁的流出。在破碎过程中,尽量避免撕碎果皮、压破种子和碾碎果梗,以降低杂质(葡萄汁中的悬浮物)的含量。破碎后立即将果浆与果梗分离,这一操作称除梗。

(3)二氧化硫处理 葡萄破碎除梗后,泵入发酵罐时立即进行二氧化硫处理,并且一边装罐一边添加二氧化硫,装罐完毕后进行1次倒罐,使所加的二氧化硫与发酵基质混合均匀。

(4)发酵液调整

①糖分调整 葡萄含糖量为 5%～23%,在发酵旺盛期,加蔗糖来补充糖分,含糖量不宜超过 24%,每次加糖量不宜过多,可分2～3 次加入。

②酸度调整 1 升果汁中含酸 8～12 克(以酒石酸计),pH 值以 5～5.5 为宜。酸度高的果汁可通过加入蔗糖或酒石酸钾(中和1 克酒石酸,用 1.5 克酒石酸钾),或用含酸量低的果汁按比例进行混合。酸度过低的果汁可通过加入柠檬酸或酒石酸进行调整,或与含酸量高的果汁混合提高酸度。

③含氮物质调整 酵母菌繁殖需要一定量氮素物质。汁液中含氮量在 0.1% 以上就能满足需要。含氮量较低的果汁,可在发酵前加入 0.05%～0.1% 磷酸铵或硫酸铵。

(5)主发酵 经过二氧化硫处理后,即使不添加酵母,酒精发酵也会自然触发。但是,有时为了使酒精发酵提早触发,也加入人工培养酵母或活性干酵母。

在红葡萄酒的酿造过程中,浸渍与发酵是同时进行的。因此,在这一过程中对温度的控制,必须保证两个相反方面的需要:一方面温度不能过高,以免影响酵母菌的活动,导致发酵中止,引起细菌性病害和挥发酸含量的升高;另一方面温度又不能过低,以保证良好的浸渍效果,25℃~30℃的温度范围则可满足以上两方面的需求。在这一温度范围内,28℃~30℃有利于酿造单宁含量高、需较长时间陈酿的葡萄酒,而25℃~27℃则适于酿造果香味浓、单宁含量相对较低的新鲜葡萄酒。

在浸渍发酵过程中,与皮渣接触的液体部分很快被浸出物单宁、色素所饱和。如果不破坏这层饱和层,皮渣与葡萄汁之间的物质交换速度就会减慢,而倒罐则可达到破坏这层饱和层的目的。通过倒罐,使葡萄汁淋洗整个皮渣表面,达到加强浸渍的作用。倒罐就是将发酵罐底部的葡萄汁泵送至发酵罐上部,可每天倒罐1次,每次倒1/3罐。

(6)出罐和压榨 主发酵结束后,将自流酒放出。皮渣压榨得到压榨酒,压榨酒中的干物质、单宁以及挥发酸含量都较高。最初的压榨酒(2/3)可与自流酒混合,但最后压出的酒,酒体粗糙,不宜直接混合。可经过下胶、净化处理后单独陈酿,也可用来生产白兰地或蒸馏酒精压榨后的残渣,还可作蒸馏酒或果醋原料。

(7)后发酵 酒中剩的少量糖(1%左右),在后发酵中进一步转化为酒精。如原酒中酒精浓度不够,应补充一些糖分,糖分下降至0.1%~0.2%,后发酵便完成,后发酵温度为20℃~21℃。进行第二次分离后,除去沉淀,转入陈酿。

(8)陈酿 陈酿目的是使果酒清亮透明,醇和可口,有浓郁纯正的酒香。陈酿酒桶应装发酵栓,防止外界空气进入,陈酿酒桶应装满酒,并随时检查,及时添满,以免好气性细菌增殖,造成果酒病害。一般应放置在温度为10℃~25℃、空气相对湿度为85%的地下室或酒窖中。

一般陈酿2年开始成熟。陈酿中要多次进行换桶,及时清除不溶解的矿物质、蛋白质及其他残渣在贮藏中产生的沉淀。第一次换桶时间在当年的12月底至翌年1月份,第二次换桶时间在翌年春季,第三次在秋季,第四次在冬季。如第三年仍需贮存,则在春、冬两季各换桶 1 次。

(9)澄清　果酒在陈酿过程中进行澄清,可采用自然澄清或加胶过滤方法除去果酒中的悬浮物。

(10)成品调配与贮藏　成品调配包括酒度调配、糖分调配、酸量调配、调色、增香、调味等。调配后再经过一段时间贮藏,以除去"生味",使成品酒更加醇和、芳香、适口。

## (二)白葡萄酒酿造

### 1. 工艺流程

葡萄→分选→破碎→压榨取汁→澄清→成分调整→低温发酵→贮存、陈酿→过滤→调配→冷冻→过滤→精滤→装瓶

### 2. 操作技术要点　下面仅就白葡萄酒酿造不同于红葡萄酒的工序予以介绍。

(1)原料选择　干白葡萄酒要求果粒充分成熟,即将达到完熟,具有较高的糖分和浓郁的香气,出汁率高。

(2)取汁　原料经过破碎后不除梗,立即压榨,压榨多采用气囊式压榨机。该压榨机果皮与筛网表面相对运动最少,从而使果皮和种子受到的剪切和磨碎作用也小,皮渣中释放出的单宁和细微固体物就大大减少,压榨汁中的固体和聚合酚类含量较低。为了提高果汁质量,一般采用二次压榨分级取汁,自流汁和压榨汁质量不同,应分别存放,作不同用途。

果汁分离后需立即进行二氧化硫处理,每 100 千克葡萄加入 10~15 克偏重亚硫酸钾(相当于二氧化硫 50~75 毫克/千克),以防果汁氧化。

(3)果汁澄清　澄清处理是酿造高级干白葡萄酒的关键工序之一。自流汁或经压榨的葡萄汁中因含有果胶质、果肉等杂质而浑浊不清,应尽量将其减少到最低含量,以避免发酵后带来异杂味。葡萄汁澄清可采用二氧化硫低温静置澄清法、果胶酶澄清法、皂土澄清法和高速离心分离澄清法。

(4)发酵　白葡萄酒发酵多采用添加人工培育的优良酵母(或固体活性酵母)进行低温密闭发酵。发酵温度控制在 16℃～18℃,有利于保持葡萄中原果香的挥发性化合物和芳香物质。一般发酵 2～3 周,残糖降低至 2 克/升以下,发酵结束迅速降温至 10℃～12℃,静置 1 周后,倒桶除去酒脚,以同类酒填满密封。

# 四、其他果酒生产技术

## (一)苹果酒

以新鲜苹果汁为原料,经过苹果酒酵母的发酵作用而制成含有低度酒精的饮料,习惯称为苹果酒。

**1. 工艺流程**

果渣→发酵→蒸馏→酒精
　　　　↑
苹果→分选→破碎→榨汁→果汁→二氧化硫澄清→分离→清汁→调整成分→低温发酵→聚凝澄清→分离→沉淀→酒液→调配→陈酿→过滤→成品

**2. 操作技术要点**　①原料破碎时不要太细,注意不要将果核破碎,否则会给果汁带来异杂味。②果汁中加入适量的亚硫酸盐进行澄清,加入量控制在二氧化硫含量为 80～100 毫克/升为宜。澄清时间为 1～2 天。③糖在发酵初期一次补足,总酸度一般在 0.45 克(硫酸/升)以上则不必调整,活性干酵母用量为0.3‰～0.59‰,发酵温度为 15℃～22℃,发酵酒精度为 12％的苹果酒需 12～20 天。④发酵结束,用凝聚澄清剂进行澄清处理。⑤陈酿、澄清、冷冻、过滤,以提高酒的稳定性,冷冻过程温度应控制在 −4℃～−5℃,并保持 1 周左右。⑥瓶贮时,温度控制在 0℃～2℃,贮存 6～7 个月,可保持酒体协调、典型性状好。

## (二)草 莓 酒

用草莓酿制出的草莓酒香味浓郁、醇厚柔和、风格独特,完全可以与葡萄酒媲美;而且草莓是多年生草本植物,栽培广泛,资源十分丰富。

**1. 工艺流程**

草莓→分选→洗涤→破碎、压榨→发酵→贮藏陈酿→过滤→调酒→过滤→灌装→杀菌→成品

**2. 操作技术要点**

(1)原料预处理

①分选　用于酿酒的草莓要求果面呈红色或浅红色的面积达70%以上,果实新鲜,成熟度达九成。剔除腐烂果、病虫害果及残次果。

②洗涤　草莓在破碎前,用清水充分洗涤,除去附着在果实上的泥土、杂物以及残留的农药,并逐个拧去蒂把,去净萼叶。洗净后放入带孔的筐中,沥净水分。

③破碎和压榨　采用机械方法使果实破碎,果汁流出,称为自流汁,其品质较好,所酿制出的酒质量也好。压榨则是通过机械压力将果渣中的果汁分离出来的过程,压榨果汁较自流汁的品质差,所制出的酒体较粗糙。生产中通常将自流汁和压榨汁混合后进行发酵,在酿制高档酒时只取自流汁。

(2)发酵　草莓汁送入发酵池,加入 40～50 毫克/升二氧化硫,接入 5% 酵母培养液,进行草莓酒发酵。发酵温度一般控制在 20℃左右,不超过 30℃。发酵池的装容量为 80%(V/V),在草莓酒发酵过程中,果汁中所含的糖分经酵母发酵产生酒精和二氧化碳,果皮上的色素及果汁中所含其他成分也溶解在发酵醪中,当发酵醪中残糖降至 5 克/升以下时,草莓酒主发酵结束,时间一般为 5～7 天。将主发酵所得草莓新酿静置后换桶,除去酒脚(沉淀物),然后按草莓酒品种的不同要求,加入一定量的食用酒精,将酒

度调至 11°～18°范围内,送入贮酒罐进行陈酿。

(3)陈酿　新酿成的草莓酒必须在贮酒罐里经过一定时间的存放,酒的质量才能得到进一步改善,这个过程称之为酒的老熟或陈酿。在陈酿过程中,经过氧化还原反应和酯化反应等化学反应,以及聚合沉淀等物理化学作用,使得酒液中芳香物质增加和突出,不良风味物质减少,蛋白质、单宁、果胶质等沉淀析出,从而改善了草莓酒的风味,使得酒体澄清透明,口味柔和纯正。陈酿时间一般为 6～10 个月。

(4)调酒、灌装

①沉淀、过滤　在陈酿好的原酒中添加明胶和单宁,搅拌均匀,静置,使原酒中的不稳定物质进一步充分沉淀,将原酒过滤除去沉淀物后用于调酒。

②调酒　调酒的目的是将陈酿好的原酒以适宜的比例勾兑,并加入糖浆、柠檬酸等配料,使草莓酒甜酸适中,酒香、果香协调,质量均一,并得到令人满意的感官质量。

③过滤、灌装、杀菌　调配好的草莓酒经棉饼过滤机或硅藻土过滤机过滤,灌装机灌装,经巴氏杀菌后即得到成品草莓酒。

## (三)白 兰 地

白兰地是英文 Brandy 的译音,是以水果为原料,经发酵、蒸馏、木桶陈酿、调配而制成的蒸馏酒。白兰地可分为葡萄白兰地及其他果实白兰地,葡萄白兰地数量最大,往往直接称为白兰地。以葡萄以外的水果为原料制成的白兰地则冠以果实名称,如苹果白兰地、樱桃白兰地、李子白兰地等。

葡萄经过发酵、蒸馏而得到的白兰地,是无色透明、酒性较烈的原白兰地。原白兰地必须经过橡木桶的长期贮藏和调配勾兑,才能成为真正的白兰地。白兰地的特征是颜色金黄透明,具有芳香味和柔和协调的口味。

用来蒸馏白兰地的葡萄酒,叫做白兰地原料葡萄酒,简称白兰地原酒。

**1. 工艺流程**

白兰地原酒→蒸馏→原白兰地→贮存→调配勾兑→陈酿→冷冻→检验→成品

**2. 操作技术要点**

(1)葡萄品种 采用白葡萄品种,要求糖度较低(120~180克/升),酸度较高(≥6克/升),具有弱香和中性香。主要品种有白玉霞、白福儿和鸽笼白等。目前,我国适合酿造白兰地的葡萄品种有红玫瑰、白羽、白雅、龙眼和佳丽酿等。

(2)白兰地原酒酿造 白兰地原酒的酿造过程与传统生产白葡萄酒相似,但原酒加工过程中禁止使用二氧化硫。白兰地原酒是采用自流汁发酵,原酒应含有较高的滴定酸度,口味纯正、爽快。滴定酸度高可保证发酵过程顺利进行,有益微生物能够充分繁殖,而有害微生物受抑制,也可保证原料酒在贮存过程中不变质。当发酵完全停止时,白兰地原酒残糖≤0.3%,挥发酸≤0.05%,即可进行蒸馏。

(3)原酒蒸馏 白兰地中的芳香物质,主要通过蒸馏获得。原白兰地要求蒸馏酒精含量达到60%~70%(V/V),保持适量的芳香物质,以保证白兰地固有的风味。因此,在白兰地生产中,至今还采用传统的简单蒸馏设备和蒸馏方法。目前,普遍采用的蒸馏设备有夏朗德式蒸馏锅(又叫壶式蒸馏锅)、带分馏盘的蒸馏锅和塔式蒸馏设备,法国科涅克白兰地就是采用夏朗德式蒸馏锅蒸馏。带分馏盘的蒸馏锅和塔式蒸馏设备均是经一次蒸馏就可得到原白兰地,而且塔式蒸馏设备可以使生产过程连续化,提高生产能力。

(4)白兰地勾兑和调配 原白兰地是一种半成品,品质粗糙,香味尚未圆熟,需经调配,再经橡木桶短时间的贮存,勾兑后方可出厂。陈酿就是将原白兰地在木桶里经过多年的贮藏老熟,使产品达到成熟完美的程度。勾兑是将不同品种、不同批次、不同酒龄、不同桶号的原白兰地按比例进行混合,以求得质量一致并使酒具有一种特殊的风格。调配是指调酒、调糖、调色和加香等调整成分的操作。

不同的国家和工厂,生产白兰地的工艺有所不同,勾兑和调配也不相同。法国是以贮藏原白兰地为主的工艺,按这种工艺,原白兰地需经过几年时间的贮藏,达到成熟后,经过勾兑、调整,再经过橡木桶短时间的贮藏,然后把不同酒龄、不同桶号的成熟白兰地勾兑起来,经过加工处理,即可装瓶出厂。我国白兰地生产,是以配成白兰地贮藏为主,原白兰地只经过很短时间的贮藏,就勾兑、调配成白兰地。配成白兰地需要在橡木桶里经过多年的贮藏,达到成熟以后,经过再次的勾兑和加工处理,才能装瓶出厂。无论以哪种方式贮藏,都要经过 2 次勾兑,即在配制前勾兑和装瓶前勾兑。

①浓度稀释　国际上白兰地的标准酒精含量是 42%～43%(V/V),我国一般为 40%～43%(V/V)。原白兰地酒精含量较成品白兰地高,因此要加水稀释,加水时速度要慢,边加水边搅拌。

②加糖　其目的是增加白兰地醇厚的味道。加糖量应根据口味的需要确定,白兰地含糖量一般控制在 0.7%～1.5%。可用蔗糖或葡萄糖浆,以葡萄糖浆为最好。

③着色　白兰地着色是在白兰地中添加用蔗糖制成的糖色,用量应根据糖色色泽的深浅,通过小型试验决定。添加糖色应在白兰地加水稀释前进行。

④脱色　白兰地在木桶中贮存过久,或用的桶是幼树木料制造,会色泽过深和单宁过多,且发涩、发苦,必须进行脱色。色泽如果轻微过深,可用骨胶或鱼胶处理,同时还需用高纯度的活性炭处理,处理后 12 小时过滤。

⑤加香　高档白兰地是不加香的,但酒精含量高的白兰地,其香味往往欠缺,须采用加香法提高香味。白兰地调香可采用天然的香料、浸膏、酊汁,凡是芳香植物的根、茎、叶、花、果,均可用酒精

浸泡成酊汁，或浓缩成浸膏，用于白兰地调香。

（5）自然陈酿　白兰地需要在橡木桶里进行多年的自然陈酿，其目的在于改善产品口感及色、香、味，使其达到成熟完美的程度。在贮存过程中，橡木桶中的单宁、色素等物质溶入酒中，使酒颜色逐渐转为金黄色。由于贮存时空气渗过木桶进入酒中，引起一系列缓慢的氧化作用，致使酸和酯的含量增加，而产生强烈的清香。随着贮存时间延长，会产生蒸发作用，导致白兰地酒精含量降低、体积减小，为了防止酒精含量降至 40％ 以下，可在贮存开始时适当提高酒精含量。

# 四、果酒常见病害及控制

## （一）生　膜

生膜又名生花，是由生花菌类繁殖形成的。果酒暴露在空气中，就会在表面生长一层灰白色或暗黄色薄而光滑的膜，随后逐渐增厚、变硬，膜面起皱纹，此膜将酒面全部盖住。振动后膜即破碎成小块（颗粒）下沉，并充满酒中，使酒浑浊，产生不愉快气味。控制措施：避免酒液表面与空气过多接触，贮酒容器需经常添满并密闭贮存。保持周围环境及容器内外的清洁卫生；在酒面上加一层液状石蜡隔绝空气，或经常充满一层二氧化碳或二氧化硫气体；在酒面上经常保持一层高浓度酒精。若已生膜，则需用漏斗插入酒中，加入同类的酒充满容器使酒花溢出以除之，注意不可将酒花冲散。严重时需用过滤法除去酒花再进行保存。

## （二）变　味

**1. 酸味**　酒变酸主要是由于醋酸菌发酵引起的。醋酸菌可以使酒精氧化成醋酸，使之产生刺舌感。若醋酸含量超过 0.2％，就会感觉有明显的刺舌，不宜饮用。控制措施：防止方法与防止生膜方法相同。若已感染醋酸菌,应采取加热灭菌,加热温度为72℃~80℃并保持20分钟。凡已贮存过病酒的容器要用碱水浸泡,刷洗干净后再用硫磺熏蒸杀菌。

**2. 霉味** 接触生过霉的盛器、清洗除霉不严、霉烂的原料未能除尽等原因均会使酒产生霉味。控制措施:可用活性炭吸附处理,过滤后可减轻或去除霉味。

**3. 苦味** 苦味多由种子或果梗中的糖苷物质的浸出而引起,有些病菌(如苦味杆菌)的侵染也可以产生苦味,主要发生在红葡萄酒的配制中,老酒中发生最多。控制措施:可通过加糖苷酶将糖苷分解,或提高酸度使其结晶过滤除之。采用二氧化硫杀菌时,果酒一旦感染了苦味菌,应马上进行加热杀菌,然后采用下述方法处理:①进行下胶处理1~2次。②通过加入病酒量3%~5%的新鲜酒脚(酒脚洗涤后使用)并搅拌均匀,沉淀分离之后苦味即去除。③将一部分新鲜酒脚同酒石酸1千克、溶化的砂糖10千克进行混合,一起放进1000升病酒中,同时接纯酵母培养发酵,发酵完毕后再在隔绝空气下过滤。④将病酒与新鲜葡萄皮渣浸渍1~2天,也可获得较好的效果。此外,感染了苦味菌的病酒在换桶时,一定注意不要与空气接触,否则会加重葡萄酒的苦味。

**4. 硫化氢味和乙硫醇味** 硫化氢味(臭皮蛋味)和乙硫醇味(大蒜味),是酒中的固体硫被酵母菌还原产生硫化氢和乙硫醇而引起的。控制措施:硫处理时切勿将固体硫混入果汁中。利用加入过氧化氢的方法可以去除之。

**5. 其他异味** 酒中的木臭味、水泥味和果梗味等,可经加入精制的棉籽油、橄榄油和液状石蜡等与酒混合使之被吸附,这些油与酒互不相溶而上浮,分离之后即去除异味。

## (三)变 色

**1. 变黑** 在果酒生产过程中,如果铁制的器具与果酒或果汁相接触,使酒中的铁含量偏高(超过8~10毫克/升)就会导致酒液变黑。铁与单宁化合生成单宁酸铁呈蓝色或黑色,称为蓝色或黑色败坏。铁与磷酸盐化合则会生成白色沉淀,称为白色败坏。控制措施:避免铁质器具与果汁和果酒接触,减少铁的来源。如果铁污染已经发生,则可加明胶与单宁沉淀后消除。

**2. 变褐**　果酒生产过程中果汁或果酒与空气接触过多时,由于过氧化物酶在有氧的情况下会将酚类化合物氧化而呈褐色,称为褐色败坏。控制措施:一般用二氧化硫处理可以抑制过氧化物酶的活性,加入单宁和维生素 C 等抗氧化剂,均可有效地防止果酒的褐变。

### (四)浑　浊

果酒在发酵完成后以及澄清后如分离不及时,会因酵母菌体的自溶或被腐败性细菌所分解而产生浑浊;由于下胶不适当也会引起浑浊;有机酸盐的结晶析出、色素单宁物质析出以及蛋白质沉淀等也可导致酒体浑浊。控制措施:由上述原因引起的浑浊可采用下胶过滤法除去。如果是由于再发酵或醋酸菌等繁殖而引起浑浊,则需先进行巴氏杀菌,再用下胶方法处理。

# 六、果醋酿造技术

果醋是以新鲜水果或果品加工的下脚料为主要原料,经酒精发酵、醋酸发酵酿制而成的营养丰富、风味独特的调味品或饮料。如以含糖果品为原料,需经过 2 个阶段进行发酵,首先是酒精发酵阶段,即果酒的发酵;然后是醋酸发酵阶段,利用醋酸菌将酒精氧化为醋酸,即醋化作用。如以果酒为原料则只需进行醋酸发酵。

### (一)果醋酿造工艺

**1. 工艺流程**　果醋酿造包括固态发酵和液态发酵两种。
果醋固态发酵工艺流程:

原料选择→清洗→破碎、榨汁→酒精发酵→固态醋酸发酵→陈酿→淋醋→过滤→灭菌→成品

果醋液态发酵工艺流程：

原料选择→清洗→破碎、榨汁→酒精发酵→液态醋酸发酵→陈酿→过滤→灭菌→成品

**2. 操作技术要点**

（1）原料选择　选择无腐烂变质、无农药污染的成熟原料。也可以用残次果及果渣等作原料。

（2）清洗、破碎和榨汁　将原料用水清洗干净，然后破碎，压榨取汁或用打浆机打成浆液。干果破碎后加热可以提高还原糖的浸出率。

（3）酒精发酵　将处理好的原料降温，加入10％酵母液，进行酒精发酵。

（4）醋酸发酵

①固态醋酸发酵　调整果酒酒精度不高于7％（V/V），加入麸皮或谷壳、米糠等，混料水分含量控制在60％。再加醋母液10％～20％（也可用未经消毒的优良生醋接种），充分搅拌均匀，装入醋化缸中，稍加覆盖，进行醋酸发酵。醋化期间，控制品温在30℃～35℃，若温度高达37℃～38℃时，则应将缸中醋坯取出翻拌散热。若温度适当，每天定时翻拌1次，充分供给空气，促进醋化。经10～15天，醋化旺盛期将过时，加入2％～3％食盐水，搅拌均匀，即成醋坯。将醋坯压紧，加盖封严，使其陈酿后熟，经5～6天后，即可淋醋。

②液态醋酸发酵　调整果酒酒精度不高于7％（V/V），接入醋母液，发酵液温度保持30℃左右。可以进行静置发酵，也可以液体深层发酵，发酵结束，加入2％～3％食盐水，进入陈酿阶段。

（5）淋醋　将后熟的醋坯放在淋醋器中。淋醋器为一底部凿有小孔的瓦缸或木桶，距缸底6～10厘米处放置滤板，铺上滤布，

醋坯放在滤布上。从上面徐徐淋入约与醋坯量相等的凉开水,醋液从缸底小孔流出,这次淋出的醋称为头醋。头醋淋完以后,加入凉开水再淋,即为二醋。二醋含醋酸量很少,一般供淋头醋用。

（6）过滤、灭菌　陈酿后的果醋经澄清处理后,用过滤设备进行精滤。在 60℃～70℃条件下杀菌 10 分钟,即可装瓶保藏。

## （二）果醋生产实例——柿子醋

柿子营养价值高,含有丰富的蔗糖、葡萄糖、果糖、蛋白质、胡萝卜素、维生素 C、氨基酸、碘、钙、磷、铁等。中医学认为其甘寒微涩,归肺脾胃大肠经,具有润肺化痰、清热生津、涩肠止痢、健脾益胃、凉血止血等多种功效。但是柿果多产于山区,不耐贮运,除鲜食外,大部分加工成柿饼,很少有其他深加工。因此,可通过微生物发酵代谢作用,将柿果加工成柿子醋,以提高其附加值。

### 1. 工艺流程

原料清洗→去皮→去核→脱涩处理→切块→打浆→酶解→液态酒精发酵→固态醋酸发酵→陈酿→淋醋→灭菌→冷却、澄清→包装→成品

### 2. 操作技术要点

（1）脱涩　将去皮与去核后的柿果装入大缸,装量约占容器的 70%,然后加入 40℃～50℃的温水,缸口用保温材料盖严。由于水中供氧不足,又在较高温的作用下,果实无氧呼吸旺盛,促使柿子在 24 小时左右即可脱涩。

（2）酶解　为了提高柿子出汁率和方便后期过滤操作,可将得到的柿子浆升温至 45℃,加入 1‰的果胶酶,温度保持 45℃酶解作用 2 小时。

（3）酒精发酵　酶解结束,降温至 30℃后泵入酒精发酵罐中,接种活化好的酵母菌,温度控制在 30℃进行酒精发酵,发酵过程中定时测定发酵液还原糖含量和酒精度的变化。

（4）醋酸发酵　酒精发酵结束后,拌入适量的麸皮和稻壳,水

分含量调整在 60％左右,混合后入发酵池进行固态醋酸发酵。为适时补充新鲜空气,并防止醋醅温度过高,应每天翻醅 1 次,温度控制在 35℃～40℃。发酵过程中定时检测总酸含量和酒精度的变化。

(5)陈酿　醋酸发酵结束,翻拌均匀,及时加入 2％～3％的食盐,然后压实,以抑制醋酸菌生长,进入陈酿阶段。

(6)淋醋　将醋坯和等量的凉开水倒入下面有孔的淋醋器,浸泡 4 小时后即可淋醋,这次淋出的醋称为头醋。头醋淋完后,再加入凉开水淋出的醋为二醋。可以将头醋和二醋混合,也可以将二醋倒入新醋坯中,供淋头醋用。

(7)澄清过滤　淋出的醋可以自然澄清,也可以用过滤机过滤,除去杂质,得到清亮透明的柿子醋。

(8)灭菌　柿子醋装瓶密封后,置于 70℃热水中杀菌 10～15分钟,即为成品。

# 第九章　净菜加工

净菜又称鲜切蔬菜或半加工蔬菜,是指将新鲜蔬菜进行分级、整理、清洗、去皮、切分、保鲜、包装等处理,并使产品保持生鲜状态,制成供消费者直接烹调使用的产品。净菜加工是食品工业的新兴产业,20 世纪 50 年代兴起于美国,之后在世界各地迅速发展。自 20 世纪 90 年代以来,我国净菜产业开始起步,随着居民生活节奏的加快和消费习惯的改变,特别是近年来各地配送中心的建立,净菜产业得到了较快发展。

# 一、净菜加工工艺

## (一)工艺流程

采收→预冷→分级→预处理→切分→清洗(护色)→脱水→包装→冷藏→冷链销售

## (二)操作技术要点

**1. 采收**　净菜原料应选择新鲜、饱满、成熟度适中、无异味、无病虫害的适宜加工的品种。一般采用手工采收,采收时应避开雨雪、高温及露水天气,尽量减少机械损伤及污染,同时剔除杂质和未成熟、有病害的原料。

**2. 预冷**　采收后的原料需及时进行预冷处理,原料运送至加工厂后需立即进行加工,如原料较多来不及马上加工处理,则需进行低温贮藏。预冷的作用是迅速消除蔬菜采收之后的生长热,降低蔬菜温度,抑制采后呼吸,延缓新陈代谢和衰老。可根据蔬菜种类、数量、包装等条件采取不同的预冷方法,如空气预冷、水预冷、包装加冰冷却、冷库预冷和真空预冷等。

**3. 分级**　按大小、色泽、成熟度等对原料进行分级,分级的同时剔除不符合要求的原料。

**4. 预处理**　净菜的预处理一般包括清洗、整理等工序。通过清洗可去除原料表面的泥沙、昆虫、微生物和残留农药等,清洗设备有浸泡式、搅动式、摩擦式、浮流式等。清洗后根据需要进行去皮、去根须等操作。

**5. 切分**　根据产品质量要求进行切片、切块、切丁、切条等处理,切分应在低于 12℃条件下进行。切分的大小既要考虑饮食习惯,又要考虑利于保存,一般切分越小,其切分面积越大,越不利于保存。采用薄而锋利的刀具切分保存时间长,采用钝刀切分会加重切面的破坏,更易引起褐变等质量问题。对于山药、莴笋等组织纤维较明显的蔬菜,与组织纤维呈小角度切分的保存性优于垂直切分。为减少产品褐变,对易发生褐变的原料如马铃薯、山药、芋头等,可在水中进行切分,或在清水喷射下进行切分。

**6. 清洗(护色)**　经切分的原料表面受到一定程度的破坏,含有较多营养物质的汁液外渗,极易引起腐败、变色,影响产品质量。切分后立即进行清洗,可去除外渗汁液并减少微生物数量,防止褐变。清洗用水应符合国家饮用水卫生标准,水温最好低于 5℃。清洗过程中还可采取相应的护色措施来防止褐变,生产上常用的护色剂有柠檬酸、异抗坏血酸钠、L-半胱氨酸、谷胱甘肽、醋酸锌、植酸等。此外,蔬菜细胞壁中含有大量果胶物质,在去皮、切分过程中,果胶结构被破坏导致细胞彼此分离,原料质地变软。因此,可在护色时加入氯化钙、乳酸钙、葡萄糖酸钙等保硬剂,钙离子可激活果胶甲酯酶,促使不溶性果胶酸钙的形成,增强细胞间的连接,使原料变得硬脆,达到保脆的目的。

**7. 脱水**　切分清洗后的原料应立即进行脱水处理,否则会因含水量过多而造成微生物过量繁殖而导致腐败。一般要求脱去蔬菜表面的自由水即可,通常采用专用高速离心机进行脱水。生产中要根据不同原料选择不同的转速和脱水时间,以达到适度脱水,抑制品质劣变的目的。欧美国家有的采用空气干燥隧道对蔬菜进行脱水,干燥隧道由振动的单元格组成,产品与空气逆向行进,干燥空气经过滤消毒可防止微生物污染。

**8. 包装**　鲜切蔬菜在脱水后要及时进行包装,包装的目的主要是阻气、阻湿、阻光,防止微生物污染,同时形成贮藏的微环境。常用包装材料有聚乙烯(PE)、聚丙烯(PP)、聚氯乙烯(PVC)和乙烯-乙酸乙烯共聚物(EVP)等,包装方法有自发调节气体包装(MAP)、减压包装(MVP)、活性包装(AP)和涂膜包装等。MAP是通过适宜的透气性包装材料,被动地形成一个调节气体环境,或采用特定的混合气体,结合透气性包装材料,主动地产生一个调节气体环境,该法结合冷藏能显著延长货架期。MVP是将产品包装于 $40\sim46$ 千帕压力下并低温贮藏的方法,通常常用于代谢强度较低、组织较紧密的蔬菜产品。AP是指包含各种气体吸收剂和发散剂的包装,包括使用一些防腐剂、吸湿剂、抗氧化剂、脱氧剂、乙烯吸收剂等,其原理是通过改变环境气体组成,降低乙烯浓度、呼吸强度、微生物活性而达到保鲜目的。涂膜包装是利用多聚糖、蛋白质、纤维素衍生物等作为涂膜材料对产品进行阻隔,达到抑制呼吸、延迟乙烯产生、延迟褐变和抑制微生物繁殖的目的。

**9. 冷藏**　低温冷藏可降低净菜组织呼吸强度和生理生化反应速度,抑制褐变和微生物活动,是保持净菜产品新鲜度的有效方法。但并非温度越低越好,这是因为鲜切产品与未加工原料相比,对温度更为敏感,温度过低易发生冷害,一般净菜的冷藏温度为 $4\,^{\circ}\mathrm{C}$ 左右。产品在贮运及销售过程中也应处于低温状态,并尽量避免大的温度波动,以保证净菜产品质量。

# 二、净菜保鲜技术

净菜与未加工的原料蔬菜相比,容易产生一系列不良的生理生化变化,这是因为蔬菜经过去皮、切分等处理后,组织结构受到破坏,所含的酶与底物直接接触导致褐变。另外,切分后的组织呼吸强度提高,乙烯生成量增加,蔬菜组织的衰老与腐败进程加快。因此,在净菜加工和贮藏中,要应用一些保鲜技术来抑制蔬菜组织的新陈代谢,延缓衰老,减少微生物的生长繁殖,以延长净菜的货架期。

## (一)低温保鲜

低温可降低净菜的呼吸强度和酶的活力,抑制其酶促褐变,延缓组织衰老,抑制微生物的生长。虽然一些嗜冷菌在低于 0℃ 的环境中仍能缓慢生长,但采取过低的贮藏温度,也会造成净菜的冷害以及褐变加重等现象。因此,通常利用 4℃ 左右的低温,结合及时降温预冷进行净菜的保鲜。例如,鲜切甘蓝 4℃ 贮藏的货架寿命比 7℃ 贮藏能延长 3~5 天。鲜切萝卜在 1℃~5℃ 低温下贮藏能显著降低呼吸强度和乙烯的释放量,同时可保持较高的维生素 C 含量,明显好于 10℃ 条件下的贮藏保鲜效果。

## (二)防腐剂保鲜

在净菜包装前进行一定的防腐保鲜处理,可抑制呼吸强度,减弱净菜的生理代谢,是抑制褐变和控制微生物生长的一种十分有效的方法。常用的化学防腐保鲜剂有山梨酸钾、苯甲酸钠、亚硫酸盐、柠檬酸、抗坏血酸及其钠盐、乙二胺四乙酸钠(EDTA-2Na)、聚乙烯吡咯烷酮(PVP)、1-甲基环丙烯(1-MCP)、氯化钙、氯化锌、乳酸钙等。部分化学防腐剂的安全性有待进一步研究,如亚硫酸盐可能引起人体的过敏反应并导致气喘及其他不良反应。现已开发出大量无公害天然防腐保鲜剂,如采用大蒜、洋葱、菠萝汁、食用大黄汁等提取物对净菜进行保鲜。也有的采用有益微生物的代谢物作为防腐剂,抑制有害微生物,以延长贮藏期,如乳酸链球菌素对鲜切生菜中李斯特菌有明显抑制作用。

### (三)涂膜保鲜

涂膜保鲜是将保鲜材料以包裹、浸渍、涂布等方式覆盖在蔬菜表面的一种方法,通过提供选择性的阻气、阻湿、阻内容物散失及隔阻外界环境的有害影响,达到抑制呼吸作用,延缓后熟衰老,抑制表面微生物生长,延长其货架期的目的。广泛采用的净菜保鲜涂膜材料有碳水化合物、蛋白质、多糖类蔗糖酯、聚乙烯醇、单甘糖以及多糖、蛋白质和脂类组成的复合膜,如海藻酸钠、卡拉胶、壳聚糖等。

### (四)MAP 保鲜

MAP(自发气调包装)能控制适度的低氧和高二氧化碳浓度的贮藏环境,使鲜切蔬菜的呼吸强度降至最低水平,并抑制乙烯的形成,延缓蔬菜组织衰老,达到延长货架期的目的。但是氧气浓度过低或二氧化碳浓度过高会产生无氧呼吸,引起鲜切蔬菜生理代谢紊乱,加速鲜切蔬菜衰老。臭氧气调中采用的臭氧既是一种强氧化剂,也是一种消毒剂和杀菌剂,可杀灭消除蔬菜表面的微生物及其分泌的毒素,抑制并延缓蔬菜有机物的水解,从而延长贮存期。

### (五)其他保鲜技术

基因工程保鲜是通过基因工程控制后熟过程,利用 DNA 的重组或反义 DNA 技术以推迟蔬菜衰老、延长货架期。电离辐射可干扰蔬菜新陈代谢过程,同时可杀菌消毒,抑制果实腐烂,但需注意辐射剂量。植物生长调节剂也可用于调控鲜切蔬菜的生命活动。

净菜保鲜是一项综合技术,单一的保鲜方法通常存在一定的缺陷,采用复合保鲜技术,可以发挥协同优势,有效地阻止净菜劣变,延长其货架期。

# 三、净菜加工中微生物的控制

净菜仍是活的有机体,保持了新鲜蔬菜的基本特征,但由于切分等加工过程造成了其生理特性的较大改变,蔬菜组织内部大量的营养汁液外溢,给微生物的生长繁殖提供了良好的环境,以致鲜切蔬菜表面微生物大量滋生。因此净菜的微生物安全问题日益受到重视,生产加工和贮藏中的每一个环节都必须严格控制,尽可能减少微生物侵染,延长货架期。

## (一)净菜微生物污染途径

微生物对净菜产品的污染可分为田间污染、采收污染、加工污染、贮藏污染和销售流通污染等。

**1. 田间污染**  田间污染主要是通过土壤、水源、有机肥等造成的污染。土壤本身含有大量的细菌、放线菌、霉菌、酵母菌等微生物,施用含有大肠杆菌、沙门氏菌的未经充分发酵的人畜粪便等农家肥,用未经处理的污水进行灌溉,均会引起微生物污染,因此,生产中应施用完全腐熟的有机肥。但腐熟的池塘污泥不能作为肥料,这是因为沙门氏菌和李斯特菌在农田灌溉用的污水污泥中能存活数月。

**2. 采收污染**  采收过程中的采收工具、采收人员可能带有病原菌,采收容器也可能会引起微生物污染。采收时对蔬菜造成的机械损伤,更容易引起微生物的污染。因此,采收器械应进行消毒处理,达到无毒、无病原菌,采收人员应经过系统培训以合理采收,并进行自身消毒。

**3. 加工污染**  加工污染是净菜微生物污染的主要环节。鲜切加工造成蔬菜严重的机械损伤,营养物质外溢,产品切面暴露于空气中,增加了微生物污染的机会,给微生物的生长繁殖提供了有利条件。因此,在净菜生产过程中,清洗、切分、杀菌、包装等每个工序都要严格操作,保证良好的卫生条件,结合烫漂、低温、物理杀菌、化学防腐等措施,最大限度地降低微生物污染的机会,确保净菜产品较长的货架期和食用安全。

**4. 贮藏销售流通污染** 净菜表面微生物的数量会在贮藏过程中逐渐增加,而且早期微生物数量越多,货架期就越短。贮藏仓库和运输车辆消毒不彻底,以及净菜产品之间的交叉感染均会导致二次污染。销售流通过程中温度控制不当,或对产品造成机械损伤,也会导致微生物污染。因此,销售流通过程中要严格控制温度,并注意避免对产品造成机械损伤。

## (二)净菜微生物控制方法

净菜产品通常不能采用传统的热杀菌工艺,其抑菌方法主要是低温控制与防腐剂处理。辐照、臭氧、紫外线照射等非热力杀菌工艺在控制净菜微生物方面已被广泛应用。鲜切蔬菜处理后,采用涂膜或气调包装可有效控制微生物污染。

**1. 低温控制微生物** 低温是保证净菜产品品质的关键因素,一般鲜切蔬菜都需在低温条件下加工和贮藏。低温可以明显抑制一些致病菌和腐败菌的生长繁殖及代谢活动。大量研究表明,鲜切蔬菜的适宜贮藏温度为 0℃～5℃,净菜产品在 5℃条件下贮运和销售,其表面微生物数量至少可在 10 天内保持稳定;而在 10℃条件下贮运和销售,3 天后微生物数量就会急剧上升。欧美国家常采用 7℃的温度条件进行净菜流通,并将货架期控制在 7 天以内。

**2. 杀菌剂和防腐剂应用** 采用化学杀菌剂和防腐剂是一种非常有效地降低原料微生物基数,控制净菜微生物侵染的方法。杀菌剂包括含氯杀菌剂(漂白粉、次氯酸钠、二氧化氯等)、臭氧、酸性电解水、过氧化物等。含氯杀菌剂对人体存在潜在危害,因此有被其他杀菌剂取代的趋势。臭氧属于强氧化剂,具有广谱杀菌作用,其杀菌速度较氯气快。过氧化氢主要通过氧化作用杀菌,其优势是分解后无残留,但在微量金属等杂质或光、热的作用下极不稳定,因此可采用过氧化物和氯化物相结合的杀菌方式。常用的化学防腐剂主要有亚硫酸盐、抗坏血酸、柠檬酸、山梨酸钾、苯甲酸钠、氯化钙、脱氢乙酸钠等。

**3. 包装控制微生物** 净菜的包装方法主要有气调包装(MAP)、减压包装(MVP)、AP 包装和涂膜包装等。MAP 贮藏可创造一个低氧高二氧化碳的环境,这种环境可减少水分损失、降低呼吸强度、抑制蔬菜表面褐变和微生物生长、减少乙烯的产生,从而延长净菜的货架期。MVP 是将产品包装在气压为 40 千帕左右的坚硬的密闭容器中,并辅以低温冷藏的保鲜方法。AP 是指利用含有各种气体吸收剂和发散剂的包装对净菜进行保鲜,这种包装能调节净菜产品的呼吸强度、抑制微生物生长繁殖、降低植物激素的作用浓度。对净菜产品进行涂膜包装处理也可提高其稳定性,包装处理后可减少外界氧气、水分及微生物对净菜的影响。用于净菜涂膜保鲜的材料主要有多聚糖、蛋白质及纤维素衍生物等,其中壳聚糖涂膜具有良好的阻气性,并易于黏附在切分蔬菜表面,对真菌具有一定毒性,在净菜保鲜方面有着巨大应用潜力。

**4. 生物控制** 生物控制是利用微生物的拮抗作用或微生物产生的代谢产物来抑制腐败菌的生长,延长产品的货架期,保证产品安全的一种方法。如利用噬菌体、生长快于致病菌的菌株、乳酸菌产生乳酸及产生抗菌物来达到阻止微生物生长的目的。乳酸菌作为生物保护剂用于净菜的保鲜已被广泛应用。乳酸菌除了能与腐败菌竞争生长位点和营养物质外,还可产生一系列细菌素,抑制革兰氏阳性菌。另外,乳酸菌产生乳酸,降低了环境的 pH 值,可抑制假单胞菌科、肠杆菌科细菌以及其他致病菌的生长,代谢过程中产生的过氧化氢也能抑制敏感菌和致病菌的生长。特异性噬菌体可消灭特定微生物，并且对蔬菜本身固有菌群没有影响。酵母菌能优势竞争在蔬菜创伤部位生长繁殖，并向蔬菜中分泌抗菌物质如裂解酶等。嗜杀酵母可以分泌一种毒性的多肽物质，杀死部分细菌的同时还可杀死同属的酵母菌及其他真菌。

**5. 非热处理控制**  净菜加工后仍具有生命活动，一般不采用热力杀菌，而采取冷杀菌或非热处理技术。

（1）辐照杀菌  辐照（或辐射/放射线）杀菌，是利用一定剂量的、波长极短的电离射线来干扰微生物新陈代谢和生长发育，从而对产品进行杀菌的方法。对食品杀菌常用射线有 X 射线、γ 射线和电子射线，电子射线主要从电子加速器中获得，X 射线由 X 射线发生器产生，γ 射线主要由放射性同位素获得，常用放射性同位素有 $^{60}$Co 和 $^{137}$Cs。辐照杀菌既能杀灭鲜切蔬菜表面的微生物，又可抑制后熟，防止腐烂。需注意的是辐射剂量需低于相关规定值，以防产生一些营养问题和毒理学危害。

（2）超声波杀菌  低浓度的细菌如大肠杆菌、巨大芽孢杆菌、绿脓杆菌等对超声波非常敏感，可被超声波完全破坏。但超声波对葡萄球菌、链球菌等杀伤力较低，对白喉病毒素完全没有作用。超声波的特点是速度快，对人体无害，对食品原料无损害，但因其对某些致病菌无效或效力低，因此可与其他杀菌方法结合使用。

（3）超高压杀菌  超高压杀菌是将净菜包装后，在液体介质中，采用 100～1 000 兆帕压力作用一定时间以达到灭菌目的。超高压主要是通过破坏微生物的细胞膜、抑制酶活力和促使细胞内变性达到对微生物的致死作用。鲜切蔬菜水分活度较高，结合低温施以超高压处理可达到良好的杀菌效果。对于需氧嗜温微生物和需氧嗜冷微生物，采用间歇超高压杀菌比连续超高压处理效果要好。

（4）紫外线杀菌  紫外线波长为 190～350 纳米，在波长为

240～290 纳米时具有杀菌作用，253.7 纳米处为 DNA 和 RNA 的吸收峰，因此以波长为 253.7 纳米的紫外线杀菌作用最强。其杀菌机制为紫外线诱导 DNA 嘧啶二聚体的形成，抑制 DNA 复制，导致微生物突变或死亡。紫外线对细菌、霉菌、酵母、病毒等各类微生物都有显著的杀灭作用。但由于穿透能力差，紫外线通常只能对样品表面进行消毒灭菌。

(5)脉冲电场杀菌　由于微生物细胞膜内外存在电位差，在脉冲电场存在的条件下，膜的电位差加大，细胞膜的通透性提高。当电场增加至某一临界值时，细胞膜的通透性剧增，导致膜上出现许多小孔，细胞膜结构解体。同时，由于脉冲电场在极短的时间内电压剧烈波动，细胞膜产生振荡效应，加速了细胞膜的破坏和微生物的死亡。脉冲电场可有效杀灭与鲜切蔬菜腐败相关的多种微生物，无须加热且作用时间短，对原料营养成分几乎无破坏。

(6)磁力杀菌　磁力杀菌是采用 6 000 高斯磁力强度的磁场，将样品置于 N 极与 S 极之间，不需加热，经连续摇动即可达到 100％杀菌效果，且对食品成分和风味不会造成破坏。

# 四、净菜加工实例

## (一)鲜切马铃薯片

### 1. 工艺流程

原料→预冷→分选→清洗→杀菌→漂洗→去皮→切分→护色→脱水→包装→冷藏

### 2. 操作技术要点

(1)原料　选择符合无公害蔬菜标准的马铃薯作为鲜切加工原料。

(2)预冷　利用冷库将原料及时进行预冷处理，以抑制微生物的生长繁殖。

(3)分选　剔除不可食用部分,按块茎大小进行分级。

(4)清洗　将选好的马铃薯采用人工或机械方法进行清洗,去除表面泥沙等杂质。

(5)杀菌　将洗净的马铃薯利用输送带传送至杀菌设备中,采用臭氧水杀菌浸泡 30 分钟,再放入 180 毫克/升二氧化氯溶液中浸泡 20 分钟,杀菌的同时还可去除残留农药。

(6)漂洗　用灭菌水对杀菌后的马铃薯进行漂洗。

(7)去皮　采用手工方法或去皮机进行去皮,做到去皮薄厚均匀,表面无绿色、无芽眼。

(8)切分　采用切片机将马铃薯切成均匀的片状,厚度一般为 3～4 毫米,大小符合正常烹调需要即可。

(9)护色　将马铃薯片投入 0.1%异抗坏血酸钠＋0.2%氯化钙＋0.05%山梨酸钾混合液中浸泡 20 分钟,达到护色、保脆、防腐的目的。

(10)脱水　将护色后的马铃薯片装入消毒后的袋子,在离心机中进行脱水。

(11)包装　采用灭菌后的包装袋进行定量真空包装,真空度为 0.09 兆帕。

(12)冷藏　将包装好的马铃薯片置于 4℃冷库中冷藏。

## (二)鲜切山药段

**1. 工艺流程**

山药挑选→清洗→去皮→切段→修整→护色→包装→冷藏

**2. 操作技术要点**

(1)原料挑选　选择粗细均匀、形态完好、无病害的山药作原料。如利用库存原料,应做到先入先出。

(2)清洗　将选好的山药用清水浸泡 20～30 分钟,再用清洗机清洗干净。

(3)去皮　用不锈钢刀进行手工去皮。去皮时在山药约 2/3

处下刀,力争一刀削到底,同时沿逆时针方向转动山药,刀刀相连将皮削净,再用同样方法完成剩余 1/3 山药的去皮。然后将山药两端的破头截去,检查是否有毛眼和未去掉的皮。检查合格后将山药轻放在备好的筐里。

(4)切段　将去皮后的山药截段,长度可为 25 厘米、20 厘米、15 厘米。尽量做到合理利用,减少不必要的浪费。

(5)修整　将切段后的山药仔细检查,做进一步修整,去掉山药上的疵点、黄斑和较大的棱角,做到既干净又美观。

(6)护色　将修整后的山药放在护色液(0.2%异抗坏血酸钠、0.05%脱氢乙酸钠)中浸泡 15 分钟,将山药捞出后放在带网眼的不锈钢盘内,沥去表面水分。

(7)包装　将山药进行真空包装。装袋时小头朝上大头朝下,根据山药的粗细确定装袋数量,确保每袋之间的重量差别不要太大。如包装袋内口有水迹、杂物等,务必用毛巾擦拭干净。

(8)冷藏　包装好的山药入库贮存,库温 2℃～6℃。第二天检查后装箱,如发现个别轻微胀袋,应重新进行包装。

## (三)鲜切青椒块

**1. 工艺流程**

青椒挑选→清洗→切分→消毒→脱水→包装→冷藏

**2. 操作技术要点**

(1)原料选择　选择皮薄肉厚的青椒品种,要求果形饱满、大小均匀、成熟度适中、无病害的个体作为鲜切原料。

(2)清洗　以人工清洗为主,先在清水中适当浸泡,再用软毛刷刷洗干净。

(3)切分　用不锈钢刀先将青椒对剖为两半,去掉果柄、果籽和白筋,再切成 2 厘米×2 厘米的青椒块。

(4)消毒　将切分后的青椒放入 0.1%～0.2%二氧化氯或 0.5%～1%过氧化氢溶液中消毒,然后用无菌水漂洗干净。

（5）脱水　将消毒漂洗后的青椒块装入袋子，用离心机脱去表面水分，或将青椒块摊放在消毒后的筐内沥干水分。

（6）包装　用塑料薄膜袋或塑料包装盒定量包装，包装后于4℃低温条件下冷藏。

# 第十章 果蔬原料综合利用

我国果蔬种类多，产量大，加工处理后产生很多副产物，如残次果、破损果、果肉碎片、果皮、果芯、果核、种子等，在原料产地，每年还有大量的落果及病虫果。果蔬综合利用，就是根据果蔬种类、品种所含成分及特点，充分合理地利用原料各部分，使其变废为宝，变无用为有用，变一用为多用，增加产品的花色品种。对降低生产成本，提高经济效益，减少资源浪费，降低环境污染具有重要意义。

# 一、果胶提取

许多果蔬原料中都含有果胶物质，如苹果、梨、柑橘、哈密瓜、山楂、桃、南瓜、胡萝卜和番茄等，有的果皮、果芯和果渣等废弃物中也含有较多的果胶物质。一般人们所说的果胶系指原果胶、果胶和果胶酸的总称，是多糖类高分子化合物。在未成熟果实中，果胶以原果胶的形式存在，原果胶是一种非水溶性的物质，它使果实坚实、脆硬。随着果实的成熟，原果胶分解形成易溶于水的果胶，果实变得松弛、软化，硬度下降。当果蔬过熟时，果胶进一步分解为果胶酸及甲醇。在果蔬成熟过程中，3 种不同的果胶物质同时存在，但在果蔬不同的成熟期，每一种果胶的含量有所不同。

果胶最重要的特性是胶凝化作用，即果胶水溶液在适当的糖、酸存在时能形成胶冻。这种作用与其酯化度（DE）有关。所谓酯化度是指酯化的半乳糖醛酸基与总的半乳糖醛酸基的比值。DE

值大于50％(相当于甲氧基含量占7％以上),称为高甲氧基果胶(HMP);DE 值小于50％(相当于甲氧基含量占7％以下)的果胶,称为低甲氧基果胶(LMP)。一般来说,水果中含有高甲氧基果胶,大部分蔬菜中含有低甲氧基果胶。

果胶具有良好的乳化、增稠、稳定和胶凝作用,广泛应用于食品、纺织、印染、烟草、冶金等领域。同时,由于果胶具有抗菌、止血、消肿、解毒、降血脂、抗辐射等作用,近年来在医药领域的应用也较为广泛。

## (一)果胶提取工艺

### 1. 工艺流程

原料选择→预处理→提取→脱色→浓缩→沉淀→干燥、粉碎→标准化处理→成品

### 2. 操作技术要点

(1)原料选择与处理　尽量选择新鲜、果胶含量高的原料。果皮、瓤囊衣、果渣、甜菜渣、落果和残次果等均可作为提取果胶的原料。目前,工业化提取果胶的原料主要是柑橘类的果皮、苹果渣和甜菜渣等。对不能及时加工的原料,应在95℃以上加热处理5～7分钟,以钝化果胶酶,减少果胶的分解,也可以进行干制贮存。提取以前,将原料破碎成2～4毫米的小颗粒,然后加水进行热处理以钝化果胶酶。为了除去原料中的糖类、色素、苦味及杂质等成分,热处理后用温水(50℃～60℃)漂洗数次,也可以用酒精进行浸洗,然后压干备用。

(2)提取　提取是果胶制取的关键工序之一,常用方法有以下几种。

①酸解法　该方法是传统的提取方法,其原理是利用稀酸将非水溶性原果胶转化成水溶性果胶,然后在果胶液中加入乙醇或多价金属盐类,使果胶沉淀析出。将预处理的原料加入适量水,用酸将 pH 值调至2～3,在80℃～95℃条件下抽提1～1.5小时。

该方法在提取过程中,果胶易发生局部水解,生产周期较长,效率较低。

②离子交换树脂法 将预处理的原料,加入 30～60 倍的水,同时加入 10%～50%的离子交换树脂,调节 pH 值至 1.3～1.6,在 65℃～95℃条件下加热 2～3 小时,过滤得到果胶液。此法效率高,提取的果胶质量稳定,但成本较高。

③微生物法 此法是利用酵母产生的果胶酶,将原果胶分解。将原料加入 2 倍的水,再接种帚状丝孢酵母菌种等微生物,发酵结束过滤得到果胶提取液。采用微生物发酵法提取的果胶分子量大、胶凝强、质量高。

④微波提取法 将预处理的原料加酸进行微波加热,然后加入氢氧化钙,生成果胶酸钙沉淀,用草酸处理沉淀物进行脱钙,离心分离后用乙醇沉析,干燥得到果胶。

(3)脱色、分离 果胶色泽对质量有较大的影响,因此必须对果胶提取液进行脱色处理。传统脱色方法是将 1.5%～2%的活性炭加入抽提液,于 60℃～80℃条件下保持 20～30 分钟,然后过滤。

(4)浓缩 一般采用真空浓缩。浓缩后的果胶液要迅速冷却,以免果胶分解。也可以不进行冷却直接喷雾干燥得到果胶粉。

(5)沉淀 常用的沉淀方法有以下几种。

①醇沉淀法 利用果胶不溶于有机溶剂的特点,将适量的乙醇(也可用异丙醇)加入到果胶浓缩液中,将果胶沉淀出来。析出的果胶经压榨、洗涤等处理后便可得到成品。醇沉淀法工艺简单,得到的果胶色泽好、灰分少。但该方法醇的用量大,不易回收,能耗大,生产成本较高。

②盐析法 盐析法的原理是盐溶液中的阳离子与果胶中游离羧基带相反的电荷,它们中和后使果胶产生沉淀。将果胶提取液用氨水调整 pH 值为 4～5,然后加入饱和明矾溶液,再用氨水调

整 pH 值为 4～5,果胶沉淀析出,沉淀完全后即滤出果胶,用清水洗涤除去其中的明矾。盐析法的优点是不需进行浓缩处理,生产成本低、产率高。缺点是易残留金属离子,生产出的果胶灰分较高、色泽较深。

③超滤法　利用超滤膜的分离作用,使大分子果胶得以浓缩、提纯。其特点是操作简单,果胶纯度高;但是膜容易污染,生产成本高。

(6)干燥、粉碎、标准化处理　干燥技术对果胶的品质有重要影响,常采用 60℃左右烘干或进行真空干燥,然后粉碎、过筛,即为果胶成品。必要时对果胶进行标准化处理,即在果胶粉中加入适量蔗糖或葡萄糖等混合均匀,使产品的胶凝强度、胶凝时间、温度、pH 值更趋一致,使用效果稳定。

## (二)果胶提取实例

### 1. 从橘皮中提取果胶

(1)工艺流程

方案一:橘皮→粉碎→洗涤→酸提取→过滤→真空浓缩→沉淀→干燥、粉碎→果胶成品

方案二:橘皮→粉碎→洗涤→酸提取→过滤→超滤→喷雾干燥→果胶成品

(2)操作技术要点　①橘皮粉碎后,用 5 倍的水冲洗 2 次,再加入 2～3 倍的水,用盐酸调节 pH 值为 1.8～2.7,用 75℃～85℃热水搅拌浸提 1 小时左右。②提取完成后趁热分离过滤,滤渣连续提取 3 次后,合并滤液。③减压浓缩,然后加入滤液量 70%左右的 95%酒精,待果胶全部析出后,去除上清液,离心收集沉淀,在 60℃～70℃条件下干燥,粉碎后过 60 目筛即得到果胶粉。④若进行喷雾干燥,需要用阻断分子量为 8 000 的超滤膜进行超滤分离果胶,将浓缩的果胶液进行喷雾干燥,喷雾干燥工艺参数:进料量 4 升/秒,热风入口温度 140℃～150℃、出口温度 70℃、风

量 5 米³/秒。

**2. 从苹果渣中提取果胶**

(1)工艺流程

苹果渣→清洗→干燥→粉碎→酸提取→过滤→真空浓缩→醇沉→干燥、粉碎→果胶成品

(2)操作技术要点　①将苹果渣清洗去杂后,65℃～70℃烘干,然后粉碎,过 80 目筛,备用。②取苹果渣粉加入 8 倍左右的水中,用盐酸调节 pH 值为 2～2.5,85℃～90℃条件下酸解 1～1.5小时。③提取完成后趁热分离过滤,将滤液在温度为 50℃～54℃、真空度为 0.085 兆帕下进行浓缩。④浓缩液冷却后,按照1：1 的比例加入 95％酒精,待果胶全部析出后,去除上清液,离心分离得到湿果胶。⑤湿果胶在 70℃以下进行真空干燥,粉碎后过筛 80 目左右,即为成品果胶粉。

**3. 从马铃薯渣中提取低甲氧基果胶**

(1)工艺流程

马铃薯渣→钝化果胶酶→酸化水解→脱脂转化→真空浓缩→醇沉→干燥、粉碎→果胶成品

(2)操作技术要点　①用水清洗马铃薯渣 2～3 次,除去淀粉及其他杂质。②加入 50℃～60℃温水,并保温 30 分钟,钝化马铃薯渣内部果胶酶,然后洗涤烘干。③加入硫酸溶液调节 pH 值为2,90℃酸解 1 小时,过滤得到果胶提取液。④提取液冷却后,加入酸化乙醇,30℃静置 6～10 小时,进行脱脂转化,然后进行真空浓缩,冷却至室温。⑤浓缩液加入乙醇进行沉析,要求果胶浓缩液中的最终酒精度为 50％左右,待果胶全部析出后,去除上清液,离心分离得到湿果胶。⑥湿果胶在 60℃下进行真空干燥,然后粉碎过筛 80 目左右,即为低甲氧基果胶产品。

# 二、籽油和香精油提取

## (一)籽油提取

果蔬种子中含有丰富的油脂,如柑橘籽中油脂量一般达籽重的 20%~25%,杏仁含油量为 51% 以上,冬瓜籽含油量为 29%,辣椒籽含油量为 20%~25%。这些油脂的开发不但能提供优质的食用油脂,增加企业的经济效益,而且可减少环境污染。

**1. 柑橘籽油提取**

(1)工艺流程

原料→晒干→炒籽→破碎去壳→加水拌和→蒸料→制饼坯→压榨→沉淀澄清→过滤→毛油

(2)操作技术要点　①炒籽、粉碎。将筛选好的柑橘籽进行炒制,炒至表面橙黄色,立即冷却,用破碎机破碎、去壳。②加水拌和、蒸料。在粉碎去壳后的柑橘籽粉中加入 8% 左右的水,混合均匀,用水蒸气蒸料,蒸至籽粉能够捏成粉团。③压榨。蒸好的籽粉制成籽粉饼,送入压榨机进行压榨,压榨出的籽油送入贮油罐自然澄清,或采用过滤机进行过滤澄清,或用离心分离机进行分离,得到毛油。

**2. 葡萄籽油提取**　葡萄籽含油量 14%~17%。葡萄籽油的主要成分是亚油酸,含量达 70% 以上,油中含有丰富的维生素和微量元素。研究表明,葡萄籽油对改善人体酶的利用、降低血液中胆固醇、减轻肌肉疲劳疼痛、增强爆发力和耐力等有一定功效。

(1)工艺流程　葡萄籽油提取有压榨和浸出两种方法。压榨法工艺简单、设备投资少,适合于小批量生产。其工艺流程:

葡萄籽→晒干→筛选→破碎→软化→炒坯→预制饼→上榨→过滤→毛油

浸出法是利用相似相溶的原理,在一定温度条件下,反复浸提

数小时后回收提取剂,从而得到油脂。其工艺流程:

葡萄籽→晒干→筛选→破碎→软化→贮存→浸提→过滤→贮存→蒸发→汽提→毛油

(2)操作技术要点

①筛选及破碎　将葡萄籽用风力或人力分选,做到基本不含杂质,然后用破碎机破碎。

②软化　将破碎后的葡萄籽进行软化,水分控制在 12%～15%,温度保持 65℃～75℃,时间为 30 分钟。

③炒坯　若采用压榨法,软化后要进行炒坯,炒坯的作用是使葡萄籽粒内部的细胞进一步破裂,蛋白质发生变性,磷脂等离析、结合,从而提高毛油的出油率和质量。用平底锅炒坯时,料温 110℃、含水分 8%～10%,出料水分 7%～9%,时间 20 分钟,加热要均匀,防止焦煳。炒料后立即用压饼机压成圆形饼,注意操作要迅速,压力要均匀,压好后趁热装入压榨机进行榨油,再经过滤去杂就成为毛油。

④浸提　若采用浸提法,软化后即可加入有机溶剂进行浸提。尽量选择来源丰富、价格低廉且使用安全,不易燃、不易爆的有机溶剂。

(3)精炼　葡萄籽油精炼工艺流程:

毛油→过滤→水化→静置分离→脱水→碱炼→洗涤→干燥→脱色→过滤→脱臭→加抗氧化剂→精油

**3. 番茄籽油提取**　番茄籽是生产番茄酱的副产物,番茄籽中含有 18%～22%的油脂。研究表明,番茄籽油含有较多的亚油酸及维生素 E,是一种优质的保健植物油。番茄籽油的传统制油工艺分压榨提取法和溶剂萃取法两类,工艺流程同葡萄籽油的提取。

**4. 籽油提取新技术**

(1)微波辅助提取　微波辅助提取是利用微波能量来提高萃取率。微波在传输过程中遇到不同的物料,会依物料性质不同而产生反射、穿透、吸收现象。由于物质结构不同,吸收波能的能力不同,因此在微波作用下,某些组分被选择性加热使之与基体分离,进入微波吸收能力较差的萃取溶剂中。微波萃取法具有时间短、温度低、节省溶剂、萃取油质量高等优点。

(2)生物酶法提取　利用复合纤维素酶,可降解植物细胞壁纤维素骨架,崩溃细胞壁,使油脂容易游离出来。利用生物酶法提取籽油,不但可以提高出油率,获得优质的油脂,而且由于酶解的反应条件温和,还可保持其他成分的性质,使其进一步被加工利用。

(3)超临界二氧化碳萃取　超临界流体萃取,是基于流体在超临界状态下,溶解能力显著增加等独特性质而发展起来的一种新型分离技术。沈心好等人采用超临界二氧化碳萃取技术对番茄籽油进行萃取,经过单因素和优化实验,对不同萃取时间、压力和温度下油的萃取率、脂肪酸组成和品质进行了比较,确定番茄籽油的最佳萃取条件为:萃取时间 2 小时、萃取温度 50℃、萃取压力 30兆帕、萃取率 96.34%。

## (二)香精油提取

香精油又称挥发油,是天然植物香料最主要的商品形态之一,是存在于植物中的一类具有芳香气味,可随水蒸气蒸馏出来而又与水不相混溶的挥发性油状成分的总称,其组分非常复杂。目前,香精油已广泛应用于医药、食品、香料和洗涤剂等领域。

### 1. 香精油提取方法

(1)蒸馏法　香精油的沸点较低,可随水蒸气挥发,在冷却时与水蒸气同时冷凝下来,由于香精油密度比水轻,因而较易分离而制得。通常先用破碎机将原料破碎成细粒,然后经蒸馏装置提取香精油。蒸馏所得香精油称热油,一般含水量较高,品质较差。

(2)浸渍法　应用酒精(或石油醚、乙醚)等有机溶剂,把香精油从组织中浸提出来。提取前先将原料破碎,再用有机溶剂在密封容器中进行浸渍。反复浸提 3 次,得到较浓的带有原料色素的酒精浸提液,过滤后可作为带酒精的香精油保存。也可进行真空浓缩,制成稠状的软膏。

（3）压榨法　将原料晒干粉碎再进行压榨,压榨出的油液流入沉淀池,然后用压力泵打入高速离心机中,分离出香精油,此法也称为压榨离心法。

（4）超临界二氧化碳萃取法　利用在临界温度和临界压力附近,具有独特溶解能力的超临界流体进行萃取的一种分离方法。萃取后二氧化碳立即变为气体而逸出,从而将超临界流体中溶解的物质分离出来,达到萃取、分离的目的。超临界萃取在低温条件下进行,有利于热不稳定以及易氧化的挥发性物质的提取,减少了成分的损失。但是超临界流体萃取生产成本高,限制了它的应用。

（5）微波水扩散重力法　此法是将被提取原料直接放在微波反应器里,经微波加热,原料中原位水被加热致使细胞膨胀,最后导致含油细胞破裂,在大气压作用下,使香精油和原位水一起从植物细胞内部转移到外部。此方法是利用微波加热与地球引力相结合的一种绿色提取技术。

**2. 柑橘皮香精油提取实例**

（1）工艺流程

原料选取→浸石灰水→漂洗→压榨→过滤→澄清→包装

（2）操作技术要点　①选择新鲜无霉变的柑橘皮,摊放在阴凉、通风的干燥处。②将柑橘皮浸泡在浓度为70～80克/升的石灰水中(pH值12以上),浸泡时间为16～24小时,期间翻动2～3次。使之浸泡均匀,浸至果皮呈黄色、脆而不断为宜。③将浸过石灰水的橘皮用流动水漂洗干净,捞起沥干。④压榨。将橘皮均匀地送入螺旋式压榨机内,加压榨出橘皮油。在加料的同时要打开喷口,喷射喷淋液(100升水＋1千克硫酸钠＋0.3千克碳酸氢钠,调配pH值为7～8)用量与干橘皮重量相等。使用中要注意经常调节pH值。⑤榨出的油水混合液经过滤,除去残渣。⑥澄清。

分离出的橘皮油在5℃～10℃条件下静置5～7天,通过滤纸或石棉纸滤层的漏斗减压抽滤得橘皮油。⑦将澄清的橘皮油装在棕色玻璃瓶或陶罐中,尽量装满,加盖并用硬脂蜡密封,贮藏在阴凉处,以防挥发损失和变质。

# 三、天然色素提取

　　天然色素广泛存在于动植物体中,其安全性和营养价值非常高,部分天然色素还有一定的药理作用。用天然色素为食品着色,色泽自然、纯正、持久。天然色素按来源可分为植物色素、动物色素和微生物色素,按其溶解性质不同分为水溶性色素和脂溶性色素,按其功效成分分为类胡萝卜素类色素、黄酮类色素、花青苷类色素、叶绿素类色素和其他类色素。

## (一)果蔬色素提取和纯化

　　**1. 工艺流程**　天然色素提取工艺主要有浸提法、压榨法和超临界流体萃取法。

　　浸提法工艺流程:

　　原料→清洗→浸提→过滤→浓缩→干燥→产品

　　压榨法工艺流程:

　　原料→清洗→压榨→浓缩→干燥→产品

　　超临界流体萃取法工艺流程:

　　原料→清洗→萃取→分离→干燥→产品

　　**2. 操作技术要点**

　　(1)原料处理　果蔬原料中的色素含量与品种、生长发育阶段、生态条件、栽培技术、采收手段及贮存条件等有密切关系。浸提法生产需要的原料要及时晒干或烘干,并合理贮存,有些原料还需进行粉碎等前处理。压榨法的原料处理及榨汁过程可参考果蔬汁加工,超临界萃取法的原料应干燥、粉碎,以便提高提取效率。

(2)萃取 用浸提法提取色素时应选择适宜的萃取剂,保证萃取剂性质稳定,不与萃取物发生化学反应,提取效率高,价格低廉,不会对环境造成污染。对于超临界流体萃取法,常用的溶剂是二氧化碳,萃取过程重要的影响因素是温度和压力。

(3)过滤 浸提过程的一些水溶性多糖、果胶、淀粉、蛋白质等将严重影响色素溶液的透明度,还会影响后续工艺的实施。因此,浸提法必须经过过滤工序,以除去使色素出现浑浊或产生沉淀的这些物质,常用的过滤方法有离心、抽滤、超滤等。

(4)浓缩 采用真空减压浓缩方法进行浓缩。真空减压浓缩的温度控制在60℃左右,切忌用火直接加热浓缩。

(5)干燥 为了使产品便于贮藏、包装、运输等,需要把产品制成粉剂。常用的干燥工艺有喷雾干燥、真空减压干燥以及冷冻干燥等。

(6)包装 干燥后的色素产品包装后在低温、干燥、通风良好的地方避光保存。

**3. 天然色素精制纯化** 经过以上提取工艺得到的仅是粗制果蔬色素,这些产品色价低、杂质多,有的还含有特殊的臭味、异味,直接影响产品的稳定性、着色性及活性,限制了它们的使用范围,所以必须对粗制品进行精制纯化。常见的纯化方法有酶纯化法、膜分离纯化法、离子交换树脂纯化和吸附、解吸纯化法等。

## (二)色素提取实例

### 1. 葡萄皮红色素提取

(1)工艺流程

葡萄皮→浸提→沉淀→离心→浓缩→干燥→成品

(2)操作技术要点

①原料选择 原料的优劣是产品质量的基础,应选择红色素含量较高的葡萄分离葡萄皮,干燥备用。

②浸提 选用酸化甲醇或酸化乙醇等原料加入,在75℃～

80℃、pH 值 3～4 条件下浸提 1 小时左右,然后加入维生素 C 或聚磷酸盐护色,迅速冷却。

③沉淀、离心 浸提液中加入适量乙醇,沉淀分离果胶、蛋白质等,沉淀后离心分离。

④浓缩、干燥 采用 60℃ 以下的真空浓缩,浓缩后进行喷雾干燥或真空干燥,得到成品。

**2. 辣椒红色素提取**

(1)工艺流程

干辣椒皮→粉碎→抽提→重结晶→辣椒红色素

(2)操作技术要点

①原料处理 收集干净辣椒,去除籽梗,粉碎,过 20 目筛,得到辣椒粉装瓶备用。

②抽提 将辣椒粉装入回流瓶,加入 1.5～2 倍(体积)的丙酮,反复抽提 3～4 小时,收集丙酮提取液。

③重结晶 在丙酮提取液中加入等量的石油醚,搅拌均匀,置 4℃ 条件下重结晶,过夜,收集结晶物,即为辣椒红色素。

**3. 类胡萝卜素色素提取**

(1)工艺流程

胡萝卜→预处理→浸提→浓缩→干燥→成品

(2)操作技术要点

①原料选择、预处理 选用新鲜胡萝卜,洗涤,切碎,放入沸水中烫漂 10 分钟,使其软化。

②浸提 选择 1∶1 的石油醚、丙酮混合液作为提取溶剂,第一次浸提 24 小时,分离提取液,再进行第二次、第三次浸提,直到浸提液无色为止,混合所有的提取液,过滤。

③浓缩 将滤液真空浓缩,浓缩参数:50℃、67 千帕,得到膏状产品。

④干燥 膏状产品在 35℃～40℃ 条件下进行干燥,得到粉状

类胡萝卜色素。

# 四、膳食纤维提取

膳食纤维是指不能被人体小肠消化吸收,而在大肠中能被部分或全部发酵的可食用的植物性成分、碳水化合物及其类似物的总和,包括多糖、低聚糖、木质素以及相关的植物物质,具有润肠通便、调节控制血糖浓度、降血脂、预防癌症等生理功能。根据其溶解性不同,可分为水溶性膳食纤维(SDF)和水不溶性膳食纤维(IDF)。膳食纤维有较强的持油、持水能力和增容、诱导微生物的作用,能螯合消化道中的胆固醇、重金属等有毒有害物质,减少致癌物的产生并促进胃肠蠕动,利于粪便排出。膳食纤维被添加到面包、面条、果酱、糕点、饮料和果汁等食品中,可以补充正常饮食膳食纤维摄取量的不足,并可作为高血压、肥胖病、肠道病人的疗效食品。

## (一)苹果渣中膳食纤维提取

我国是世界上最大的苹果生产国,随着浓缩汁、果酱、果脯和果酒的生产而产生了大量的苹果皮渣。苹果皮渣(干基)中的膳食纤维含量达30%～60%,是制备膳食纤维的良好资源。而且苹果膳食纤维中水溶性与水不溶性膳食纤维的比例适当,具有较强的吸水性和持水性,添加到食品中还会对食品的品质起到改善作用。

**1. 工艺流程**

苹果渣→干燥→粉碎→漂洗→脱色→干燥→活化→粉碎→成品

**2. 操作技术要点**

(1)原料处理　刚榨完汁的苹果渣含水量较高,极易腐败变质,应在65℃～70℃条件下烘干,并粉碎至80目大小。

(2)漂洗　将苹果渣中的糖、淀粉、芳香物质、色素、酸类和盐类等成分漂洗干净,以免影响产品的品质。浸泡漂洗时,水温为35℃,漂洗时间为1.5小时。加入1.5%的淀粉酶,可使苹果渣中的淀粉水解为糖,便于漂洗除去。浸泡过程中要注意不断搅拌。

(3)脱色 常用脱色方法有酶法和化学法。

①酶法 加入0.3%～0.4%由黑曲霉制备的花青素酶,边加边搅拌,调整pH值至3～5,加热至55℃～60℃,酶解40分钟。

②化学法 可使用过氧化氢等进行脱色处理。pH值调整为10,过氧化氢($H_2O_2$)质量分数为5%,室温条件下脱色2小时。脱色结束后,漂洗除去溶液即可。

(4)干燥、活化处理 经上述处理后的苹果渣通过离心或压滤处理,可以得到浅色湿滤饼,干燥至含水量为6%～8%后,进行功能活化处理。活化处理是制备高活性功能性膳食纤维的关键步骤,常用的活化技术为螺杆挤压技术,挤压条件为入料水分191克/千克,末端温度140℃,螺杆转速60转/分。

(5)粉碎、包装、成品 活化后的苹果膳食纤维再经干燥处理,用高速粉碎机粉碎,过200目筛,即得高活性苹果渣膳食纤维。

## (二)椰子渣中膳食纤维提取

椰子渣是制取椰子汁后的副产品,其中含有丰富的纤维素、半纤维素和木质素,是加工膳食纤维的上等原料。

**1. 工艺流程**

椰子渣→浸泡→澄清→过滤→水洗→酸化→沉淀分离→水洗、干燥、粉碎→成品

**2. 操作技术要点**

(1)浸泡 用强碱液浸泡1小时左右,重复1～2次,这样即可使蛋白质溶解,通过澄清即可除去蛋白质。

(2)水洗 除去了澄清处理中的上清液后,经多次水洗,除去加入的强碱,使其呈中性。

(3)酸化 用盐酸处理,使pH值达到2,温度控制在50℃,浸

泡 2 小时,使其中的淀粉彻底水解,溶解于酸性溶液中,膳食纤维不溶解而与淀粉类杂质分离。

(4)沉淀分离 将酸化处理的料液离心分离,然后水洗至中性。

(5)干燥、粉碎及包装 水洗呈中性的沉淀物干燥,粉碎,经80 目过筛,包装。

# 五、功能活性物质提取

果蔬中有很多对人体各种功能产生生物活化效应的物质,我们称之为功能活性成分。它们能直接参与人体新陈代谢过程,对维持人体最佳健康状态起重要作用。按其主要成分,可分为碳水化合物及磷脂、含氮化合物(生物碱除外)、生物碱类、酚类和萜类化合物。

## (一)黄酮类化合物提取

黄酮类化合物来自于水果、蔬菜、茶、葡萄酒、种子或植物根茎。虽然它们不被认为是维生素,但是在生物体内的反应里,被认为有营养功能,曾被称为维生素 P。常用的提取方法有溶剂提取法、碱提取酸沉淀法、微波提取法、有机溶剂提取法、超临界萃取法、酶辅助提取法、超声波辅助提取法等。

**1. 橙皮苷提取** 橙皮苷是橙皮中的黄酮类化合物,不仅具有抗氧化作用,还具有防霉抑菌作用,特别适合作酸性食品的防腐剂。同时,橙皮苷还是一种功能成分,具有止咳平喘、降低胆固醇和血管脆性、抗衰老等功效,可用于生产保健食品。橙皮苷含有酚羟基,呈弱酸性,可采用碱溶酸沉的方法提取,其提取工艺:

柑橘果皮→石灰水浸提 6~12 小时(pH 值 11~13)→压榨过滤→滤液用 1:1 的盐酸调节 pH 值 4.5 左右→加热至 60℃~70℃,保温 50~60 分钟→盐析→冷却静置→溶解→收集沉淀物→

离心→干燥(70℃～80℃烘干7小时,含水量≤3%)

**2. 山楂黄酮提取**　山楂中的黄酮类化合物具有很好的医疗保健价值。山楂黄酮可抗心肌缺血,能使血管扩张。山楂果渣不仅含有大量果胶、纤维素等,还含有一定量的黄酮类物质,具有很高的利用价值。山楂黄酮的提取工艺:

山楂果渣→水浸泡→0.4%～0.6%氢氧化钾溶液70℃～90℃下保温浸提(2次,每次1小时)→过滤→滤液浓缩至40%～50%→95%酒精沉淀→离心分离→滤液蒸馏→过滤→醋酸乙酯提取→黄酮类浓缩液→真空干燥→粉碎→黄酮类粗品

## (二)多糖提取

多糖,又称多聚糖,是由10个以上的单糖通过苷键连接而成的,广泛分布于高等植物、藻类、微生物(细菌和真菌)与动物体内,是具有多种生物活性的天然大分子化合物。

**1. 工艺流程**

原料→粉碎→脱脂→粗提(2～3次)→吸滤或离心→沉淀→洗涤→干燥

**2. 操作技术要点**

(1)原料预处理　原料预处理主要包括样品干燥、粉碎、去干扰成分及脱脂。在提取前可用乙醇除去单糖、低聚糖及苷类等干扰性成分,有些果蔬的样品含较多的脂类物质,应在提取前用石油醚、乙醚等溶剂除去脂溶性杂质。

(2)提取方法

①水提醇沉法　此法是提取多糖最常用的一种方法。提取时可以用热水浸煮提取,也可以用冷水浸提。水的用量、提取温度、浸提固液比、提取时间以及提取次数等均会影响多糖提取率。水提醇沉法提取多糖不需特殊设备,生产成本低,操作安全,适合于工业化大生产,是一种可取的提取方法。

②生物酶提取法　采用果胶酶、纤维素酶等水解纤维素和果

胶,使植物组织细胞的细胞壁破裂,释放细胞壁内的活性多糖。提取效果与酶的加入量、酶解温度、酶解时间、酶解 pH 值有直接的关系。

③微波、超声波辅助提取　微波法是利用不同极性的介质对微波能具有不同吸收程度,从而使原料中的某些组分被选择性加热。另外,微波能极大加速细胞壁的破裂,促使待萃取物质从原料中分离出来。超声波提取是利用超声波的空化作用加速植物有效成分的浸出,而且超声波的次级效应,如机械振动、乳化、扩散、击碎、化学效应等也能加速欲提取成分的扩散释放并充分与溶剂混合,利于提取。

(3)分离纯化　粗多糖中往往混杂着蛋白质、色素、低聚糖等杂质,必须分别除去。

①除蛋白　除蛋白可使用沙堆积法(Sevag 法)、三氯乙酸法、三氟三氯乙烷法、蛋白酶和盐酸法等方法,其中 Sevag 法最为常用。

②脱色　可用活性炭吸附法、离子交换法、氧化脱色法等脱去粗多糖色素,其中离子交换法因具有去除效果好、多糖损失少等优点被广泛使用。

③分离　多糖的分离主要有分级沉淀、季铵盐沉淀、金属盐沉淀、色谱分离、膜分离、透析、电渗析等方法,目前大多采用DEAE-凝胶或其他各种不同类型的凝胶柱层析以及离子交换色谱法。

**3. 菠萝皮渣多糖提取**　菠萝皮渣是菠萝果实鲜食与加工后产生的副产物,占全果重量的 50%～60%。通常用作饲料或废弃,不但浪费资源,而且污染环境。为充分利用这一加工副产物,以菠萝皮渣为原料,提取菠萝多糖,为菠萝副产物综合利用开辟一条新途径。

菠萝皮渣多糖提取工艺流程:

菠萝皮渣→清洗、烘干→粉碎(过 40 目筛)→热水浸提(或使用超声波、微波辅助浸提)→离心(5 000 转/分,15 分钟)→取上清液→去蛋白(Sevag 法)→活性炭脱色(pH 值 3,活性炭用量 1%,30 分钟)→离心(5 000 转/分,15 分钟)→取上清液→浓缩→95% 酒精沉淀→离心(5 000 转/分,15 分钟)→沉淀物→无水乙醇洗涤→冷冻干燥→菠萝多糖粗品

# 六、葡萄皮渣综合利用

葡萄是世界普遍栽培的水果品种之一。随着我国葡萄产量的增长和葡萄加工业的发展,每年产生约占葡萄加工量 25% 的大量皮渣废弃物,其中主要是葡萄皮、种子、果梗和酒脚等。研究发现,葡萄皮渣中有多种大量有益成分,其中低聚原花青素、白藜芦醇、齐墩果酸、葡萄籽油等多种功能性成分具有良好的医疗保健作用。目前,在我国葡萄皮渣通常被当做肥料、饲料甚至垃圾处理,不但造成资源浪费,而且污染环境。因此,开展葡萄皮渣综合利用,不仅可以获得良好的经济效益,还能够有效减少环境污染,获得巨大的社会效益。

## (一)葡萄籽油提取

参照本章籽油和香精油提取部分相关内容。

## (二)酒石提取

### 1. 粗酒石提取

(1)从葡萄皮渣中提取　葡萄皮渣蒸馏白兰地后随即加入热水,水没过皮渣,然后将甑锅密闭,通蒸汽煮沸 15～20 分钟。将煮沸过的液体放入开口的木质结晶槽,木质槽内悬吊许多条麻绳。经过 1～2 天冷却,粗酒石便在桶壁、桶底、绳上结晶。

(2)从葡萄酒酒脚提取　葡萄酒酒脚就是葡萄酒发酵后贮藏换桶时桶底的沉淀物。这些沉淀物还含有葡萄酒,不能直接用来

提取酒石,应先用布袋将酒滤出,再蒸馏白兰地,将剩下的酒脚投入甑锅中,每100千克酒脚用200升水稀释,然后用蒸汽直接蒸煮,蒸煮后压滤。滤出液体冷却后的沉淀即为粗酒石。

（3）从桶壁提取　葡萄酒在贮藏过程中,其不稳定的酒石酸盐在冷却作用下析出沉淀于桶壁和桶底,时间一久这些酒石酸盐结晶紧贴在桶壁上,成为粗酒石。

**2. 从粗酒石中提取纯酒石**　纯酒石即酒石酸氢钾。纯的酒石酸氢钾是白色透明的晶体,当含有酒石酸钙时,色泽呈现乳白色。酒石酸氢钾溶解度随温度升高而加大,提炼纯酒石就是利用这一特点进行的。具体操作:将粗酒石倒入大木桶中,100千克粗酒石加水200升,充分浸泡和搅拌,去除漂浮的杂物,然后加热至100℃、保持30~40分钟,使粗酒石充分溶解。为了加速酒石酸氢钾溶解,也可在100升溶解液中加入盐酸1~1.5千克。当粗酒石充分溶解后,液面还会浮起一些杂物,如葡萄皮渣、葡萄碎核等,用竹箩或铜丝网将其捞起,也可在结晶槽上装一布袋进行粗滤。将粗酒石充分溶解的溶解液倒入木质结晶槽中,静置24小时以后,结晶已全部完成。将上面的水抽出,这些水称为母水,可用作第二次结晶。将结晶槽内的晶体取出,取时注意不要将槽底的泥渣混入。取出的晶体再按照前法加蒸馏水溶解结晶1次,但不再用盐酸。第二次结晶出的晶体用蒸馏水清洗1次,为精制的酒石酸氢钾。洗过的蒸馏水倒入母水中作再结晶用。精制的酒石酸氢钾及时烘干,便得到成品。

## （三）红色素提取

紫红色葡萄的皮中含有非常丰富的红色素。葡萄红色素属花青素,是一种安全、无毒副作用的天然食用色素。葡萄皮色素在pH值为3时呈红色,pH值为4时则呈紫色,其稳定性随pH值的降低而增强。因此,该色素可作为高级酸性食品的色素应用于果冻、果酱、饮料等的着色,其特点是着色力强,效果好。提取方法参照本章天然色素提取部分相关内容。

## (四)果胶提取

**1. 工艺流程**

葡萄皮→清洗→酸提取→过滤→真空浓缩→醇沉→干燥、粉碎→果胶成品

**2. 操作技术要点**

(1)原料预处理 将葡萄皮破碎至2～4毫米,在70℃条件下保温20分钟钝化酶,再用温水洗涤2～3次,沥干备用。

(2)酸浸提 加入5倍的水,调整pH值为1.8,在80℃条件下浸提6小时,然后过滤,得到滤液。

(3)浓缩 将滤液在温度为45℃～50℃、真空度为0.133兆帕条件下进行浓缩,浓缩至果胶液浓度为5%～8%。

(4)酒精沉析 在浓缩后的浓缩液中加入酒精,使酒精浓度达到60%,进行沉析,再分别用70%酒精和75%酒精洗涤沉淀物2次。

(5)干燥、粉碎 洗涤后,在55℃～60℃条件下烘干,粉碎至80目左右,即为果胶粉。

# 第十一章　果蔬加工新技术

## 一、超微粉碎技术

### (一)超微粉碎技术概述

超微粉碎技术,是利用特殊的粉碎设备,通过碾磨、冲击、剪切等作用,将颗粒直径在 3 毫米以上的物料粉碎至 10～25 微米的细微粉状的技术。由于颗粒的细微化导致表面积和孔隙率增加,超微粉体具有独特的理化特性,如良好的分散性、吸附性、溶解性和化学活性等。超微粉碎作为一种新型的食品加工方法,已在许多领域得到应用,其中果蔬超微粉可以极大地提高营养成分的利用率。果蔬在低温条件下磨成微膏粉,既可保存全部的营养素,而且纤维质也因细微化而增加了水溶性,口感更佳。灵芝、花粉等需破壁后才可有效利用,超微粉碎是理想的加工方法。日本、美国市场上的果味凉茶、冻干水果、超低温速冻龟鳖粉等均是利用超微粉碎技术加工而成的。

### (二)超微粉碎方法

目前,微粒化技术有化学法和机械法两种。化学法能得到微米级、亚微米级甚至纳米级的粉体,但因为产量低,生产成本高,故应用范围很窄。机械法成本低、产量大,是制造超微粉体的主要手段,现已大规模应用于工业生产。机械粉碎法分为干法粉碎和湿法粉碎,干法粉碎有气流式、高频振动式、旋转球(棒)磨式、冲击式和自磨式等;湿法粉碎主要是胶体磨和均质机。果蔬原料因含有水分、纤维、糖等多种成分,粉碎工艺比较复杂,一般采用干法粉碎。近年来,针对果蔬原料具有韧性、黏性、热敏性和纤维类物料的特性,采用深冷冻超微粉碎方法取得了较好效果。

## (三)超微粉碎设备

**1. 气流式超微粉碎设备** 利用高速气流(300～500 米/秒)通过压力喷嘴的喷射,使物料颗粒产生剧烈的碰撞、冲击、摩擦等作用实现对物料的超微粉碎。与普通机械式超微粉碎相比,气流粉碎机的产品细度更好,可达 1～5 微米,颗粒度更均匀,颗粒表面光滑、规整,具有纯度高、活性大、分散性好的特点。但该设备不适合低熔点、热敏性物料的超微粉碎。实际生产中主要应用环形喷射式、扁平式、对喷式、超音速式和流化床式气流磨。

**2. 高频振动式超微粉碎设备** 高频振动式超微粉碎是利用球形或棒形磨介质做高频振动而产生冲击、摩擦、剪切等作用力实现对物料的超微粉碎。振动磨机利用弹簧支撑磨机体,由一个附有偏心块的主轴带动而达到使其振动的效果,磨机通常是圆柱形或槽形。振动磨的效率比普通磨高 10～20 倍,其振幅为 2～6 毫米,频率为 1 020～4 500 转/分。

**3. 旋转球(棒)磨式超微粉碎设备** 旋转球(棒)磨式超微粉碎是利用研磨介质对物料的摩擦和冲击进行研磨粉碎,常见设备有球磨机、棒磨机等。常规球磨机是细磨的主要设备,但有能耗高、效率低、加工时间长等缺点。搅拌球磨机是超微粉碎机中效率较高的一种设备,主要由搅拌器、筒体、传动装置和机架组成,工作时搅拌器以一定速度运转,带动研磨介质运转,物料在研磨介质中通过摩擦和冲击达到粉碎的目的。

**4. 冲击式超微粉碎设备** 其原理是利用围绕水平轴或垂直轴高速旋转的转子上所附带的锤、棒、叶片等对物料进行撞击,并在转子与定子间、物料颗粒间产生高频度的冲击、碰撞、剪切等作用,而使物料得到粉碎。其特点是结构简单、粉碎能力大、运转稳定性好、动力消耗低,特别适合中等硬度物料的粉碎。按转子的设置可分为立式和卧式两种,该设备进料粒度一般为 3～5 毫米,产品粒度为 10～40 微米。

**5. 胶体磨**  胶体磨主要部件由一个固定面和一个高速旋转面组成,两表面之间的间隙可以微调,一般为 50～150 微米。物料通过空隙时,因旋转体的高速旋转,在固定体和旋转体之间形成很大的速度梯度,物料因受到强烈剪切作用而被粉碎,其产品粒度为 2～50 微米。我国生产的胶体磨主要有变速胶体磨、滚子胶体磨、多级胶体磨、砂轮胶体磨和卧式胶体磨等。

**6. 超声波粉碎机**  超声波粉碎的原理是利用超声空化效应。超声波是由超声波发射器和换能器所产生的,利用其传播时产生的疏密区,在介质的负压区产生许多空腔,这些空腔随振动的高压频率变化而膨胀、爆炸,真空爆炸时产生几千甚至几万个大气压的瞬间压力,将物料震碎,其颗粒细度在 4 微米以下,并且粒度分布均匀。

# 二、超高压杀菌技术

## (一)超高压杀菌原理

超高压技术(UHP)又称高静压加工技术,是将食品原料包装后密封于超高压容器中,借助液体介质,在高压(≥100 兆帕)下加工适当的时间,杀灭细菌等微生物,同时使食品中的酶、蛋白质和淀粉等生物大分子改变活性、变性或糊化,以达到杀菌、钝化酶和改善食品功能性质的一种新型食品加工技术。

超高压杀菌的基本原理是利用压力对微生物的致死作用,高压导致微生物的形态结构、生物化学反应、基因机制以及细胞壁膜发生多方面的变化,从而影响微生物原有的生理功能,甚至使原有功能被破坏或发生不可逆的变化。常用的压力范围是 100～1 000 兆帕。一般来说,细菌、霉菌、酵母菌在 300 兆帕压力下即可被杀死,钝化酶需要 400 兆帕以上的压力,600 兆帕以上的压力可使带芽孢的细菌死亡。

超高压加工是一个物理过程,其基本效应是减少被处理样品的体积(即是减少物质分子间、原子间的距离),从而使物质的电子结构和晶体结构发生变化。超高压处理只作用于对生物大分子立体结构有贡献的氢键、离子键和疏水键等非共价键,对维生素、色素和风味物质等小分子化合物的共价键无明显影响,因此能较好地保持食品原有的营养、色泽和风味。

## (二)超高压对食品中微生物的影响

UHP 处理可以使微生物的形态结构、生物化学反应、遗传物质以及细胞膜发生多方面的变化,从而影响微生物原有的生理活动机能,使原有功能破坏或发生不可逆变化。细胞膜是由内外两层磷脂和中间一层蛋白质构成,细胞膜在细胞运输、渗透性和呼吸方面起重要作用。UHP 处理可以破坏磷脂分子,使细胞膜上的蛋白质变性,从而改变细胞膜的渗透性,导致胞内物质泄漏和菌体损伤。

超高压灭菌的影响因素包括以下几个方面:①一般压力越高,作用时间越长,杀菌效果越好。②酸性环境会增强 UHP 的灭菌效果。③体系温度过高或过低均会增强 UHP 的灭菌效果。④体系的组成成分。样品中的蛋白质或多糖等会对微生物起到保护作用,而一些抑菌剂的存在会使 UHP 的灭菌效果增强。⑤微生物的种类。对于 UHP 处理的耐受性,革兰氏阳性菌强于革兰氏阴性菌,酵母菌强于霉菌和病毒。

1998 年,有研究者首先将 UHP 技术应用于鲜榨鳄梨汁的杀菌上。实验表明,采用 600 兆帕处理 2 分钟,可使鳄梨汁中的菌落总数明显下降,在未添加任何防腐剂的情况下使产品的货架期延长 40 天。利用 UHP 对草莓汁杀菌的研究表明，果汁中虽然含有多种耐压菌，但经过处理后同样收到明显效果。由于 UHP 技术尚难以完全杀灭多数芽孢杆菌的芽孢，芽孢在适宜条件下萌发繁殖后将导致食品腐败变质，这使得 UHP 技术暂不能实现低酸果蔬制品的商业无菌。

### (三)超高压对食品品质的影响

由于 UHP 只作用于非共价键，不破坏一些小分子色素物质、呈味物质和营养成分，因此能够最大限度地保持食品的营养及感官品质。UHP 能够较好地保持果蔬制品的色泽，但由于不同色素物质对 UHP 的敏感性不同，而且 UHP 并不能完全钝化果蔬中相关的酶活性，因此 UHP 对果蔬制品色泽的影响随原料的差异有所不同。大多数果蔬都是热敏感物料，热处理会导致不良风味的产生。由于 UHP 会促进或阻止一些酶促反应或化学反应，从而可以间接地改变风味物质的含量，并导致果蔬风味的改变。UHP 对食品中营养成分的影响与各种营养成分的性质有关。由于 UHP 处理不能破坏共价键，因此对于食品中小分子化合物一类的营养物质不会有直接的破坏。然而 UHP 处理可能会加速一些食品体系中的生化反应，使部分营养物质受到轻度破坏，但与传统的热杀菌处理相比，维生素类营养物质的破坏程度要小得多。

### (四)超高压技术在果蔬加工中的应用

1986 年，日本京都大学的林力丸教授率先开展了 UHP 加工食品的试验，掀起了 UHP 技术在食品中的应用研究热潮。1990 年，首批超高压加工食品草莓酱、苹果酱和猕猴桃酱在日本问世，目前日本在 UHP 技术应用方面仍处于世界领先地位。随后，UHP 技术很快引起了欧美国家的重视，美国、英国、德国、加拿大等国家先后对 UHP 加工原理、方法、设备及应用前景进行了广泛的研究。目前，国外已在果汁、果酱、肉制品、乳制品及水产品等方面开展了系列研究,有些已经进入了产业化应用阶段。

近年来,国内已有企业采用国产 UHP 设备与技术加工果汁、果酱、蒜蓉等产品,标志着我国在 UHP 技术应用和装备制造技术日趋成熟。生产果酱时采用 UHP 杀菌,不但可将果酱中的微生物杀死,而且可提高产品品质,简化生产工艺。在室温条件下以 400～600 兆帕的压力对软包装密封果酱处理 10～30 分钟,所得产品保持了新鲜水果的颜色和风味。有些果品和蔬菜如苹果、梨、马铃薯、藕和山药等,由于多酚氧化酶的作用极易发生褐变,在 400 兆帕、20℃、0.5％柠檬酸溶液中处理 15 分钟,可以使多酚氧化酶完全失活避免褐变。

由于蔬菜腌制品向着低盐方向发展,化学防腐剂的使用也越来越受到限制,因此对于低盐、无防腐剂的腌菜制品 UHP 技术更显示出其优越性。高压处理时,可使酵母或霉菌致死,既延长了腌菜制品的保质期,又保持了产品原有的生鲜特色。

# 三、酶工程技术

## (一)酶与酶制剂

酶是生物体细胞产生的一类具有生物催化活性的蛋白质,是一种生物催化剂,具有高效性、专一性、多样性和温和性的特点,普遍存在于生物界。可采取适当的理化方法将酶从生物组织或发酵液中提取出来,加工成具有一定纯度和特性的生化制品即酶制剂,专用于食品加工的酶制剂称为食品酶制剂。

目前,已被发现的酶有近 4 000 种,其中有 200 多种已可制成结晶,但真正获得工业应用的仅有 50 多种,形成工业规模生产的只有 10 多种。近年来,世界酶制剂的销售量以每年 20％的速度递增,国内已有 20 多种酶制剂投产,但由于起步较晚,与国际水平尚有较大差距,许多酶制剂仍依赖进口。

## (二)果蔬加工用酶

我国批准用于食品工业的酶制剂有淀粉酶、糖化酶、葡萄糖异构酶、木瓜蛋白酶、菠萝蛋白酶、果胶酶、β葡聚糖酶、乙酰乳酸脱氢酶等，主要用于果蔬加工、酒类酿造、肉制品加工、糕点焙烤等方面。应用于果蔬加工的酶类主要有以下几种。

**1. 果胶酶**　果蔬加工中应用最多的酶是果胶酶，商品果胶酶制剂都是复合酶，除了含有数量不同的各种果胶分解酶外，还有少量的纤维素酶、半纤维素酶、淀粉酶、蛋白酶和阿拉伯聚糖酶等。果胶酶分为两类，一类能催化果胶解聚，另一类能催化果胶分子中的酯水解。果胶酶制剂分固体和液体两种类型，主要由各种曲霉属霉菌制成，其种类和性能主要取决于霉菌种类、培养方法和培养基成分等。

**2. 非果胶酶**　除果胶酶外，还有一些非果胶酶制剂已经应用到果蔬食品加工中，如淀粉酶用于除去或防止澄清果汁或浓缩果汁的淀粉浑浊；蛋白酶可防止果酒和葡萄汁的冷藏浑浊；多酚氧化酶可与超滤结合，改善超滤操作，提高澄清果汁的稳定性；柚皮苷酶可用于葡萄柚及其制品的脱苦。

**3. 粥化酶**　又称软化酶，是一种由黑曲霉发酵而获得的复合酶，主要有果胶酶、半纤维素酶、纤维素酶、蛋白酶和淀粉酶等。主要作用于破碎果实，可以破碎植物细胞，使果蔬原料产生粥样软化，从而促进过滤，提高出汁率、澄清度并降低果汁黏度。用于果蔬加工的粥化酶酶系有两种，即粥化酶 I 和粥化酶 II，其功能不同，作用各有侧重。

## (三)酶在果蔬加工中的应用

**1. 果汁澄清**　果品中含有大量的果胶，为了达到利于压榨、提高出汁率、便于澄清的目的，在果汁生产中广泛使用果胶酶。果胶酶是催化果胶物质分解的一类酶的总称，主要包括：①原果胶酶,它可使未成熟果实中不溶性的果胶变成可溶性果胶。②果胶酯酶,它是水解果胶甲酯生成果胶酸和甲醇的一种果胶水解酶。③聚半乳糖醛酸酶,它是催化聚半乳糖醛酸水解的一种果胶酶。经过果胶酶处理的果汁稳定性好,可以防止在存放过程中发生浑浊。

**2. 提高果浆出汁率**　果浆榨汁前添加一定量的果胶酶、粥化酶和纤维素酶,可以有效地分解果肉组织中的果胶物质,使纤维素降解,降低果汁黏度,易于榨汁、过滤,从而提高出汁率,并提高可溶性固形物含量,减少加工过程中营养成分的损失,增加产品稳定性,提高生产效益。

**3. 增香、除异味**　通过添加β-葡萄糖苷酶,可释放果蔬中的萜烯醇,增加香气。柑橘类制品往往带有苦味,这是由于柑橘中含有一种具有苦味的物质柚皮苷造成的,用β-鼠李糖苷酶可以将柚皮苷水解成鼠李糖和无苦味而稍带涩味的柚皮素-7-葡萄糖苷。再用β-葡萄糖苷酶将其水解成无苦味的柚皮素和葡萄糖。β-鼠李糖苷酶和β-葡萄糖苷酶可由黑曲霉产生,也称为柚苷酶。

生产柑橘汁时,加入适量柚苷酶,在30℃～40℃条件下反应1～2小时即可达到脱苦的目的。对于柑橘罐头,应选用耐热性好的柚苷酶,随果实装罐时加入,密封后经60℃～75℃巴氏杀菌脱苦。

# 四、膜分离技术

## (一)膜分离技术简介

膜分离技术是指借助一定孔径的高分子薄膜,以外界能量或化学位差为推动力,对多组分的溶质或溶剂进行分离、分级、提纯和浓缩的技术。用于制作膜的材料主要有聚丙烯腈、聚砜、醋酸纤维素、聚偏氟乙烯等,有时也可采用天然动物膜。膜分离技术在工业生产中应用的主要装置是膜组件,膜组件主要分为管式或卷式、板框式、螺旋盘绕式和中空纤维式 4 种。

一种性能良好的膜组件应具备的条件:对膜能提供足够的机械支撑并可使高压原料液和低压透过液严格分开;在能耗最小的条件下,使料液在膜面上均匀流动,减少浓差极化;具有尽可能高的装填密度,膜的安装和更换方便;装置牢固安全,价格合理。

膜分离技术根据过程推动力的不同,分为两类。一类是以压力为推动力的膜过程,如微滤(孔径为 0.1~10 微米)、超滤(孔径为 0.001~0.1 微米)和反渗透(孔径为 0.0001~0.001 微米),分别需要 0.05~0.5 兆帕、0.1~1 兆帕、1~10 兆帕的操作压力(压差)。另一类是以电化学相互作用为推动力的膜过程,如电渗透、离子交换、透析等。

## (二)膜分离技术应用

膜分离技术被认为是 21 世纪最有发展前途的高新技术之一,它可简化生产工艺,减少废水污染,降低生产成本,具有显著的经济效益和社会效益。在果汁生产中,微滤、超滤技术可用于澄清过滤;纳滤、反渗透技术可用于浓缩。用超滤法澄清果蔬汁时,细菌将与滤渣一起被膜截留,不必加热即可除去混入果汁中的细菌。利用反渗透技术浓缩果蔬汁,可以提高果蔬汁的稳定性,减少体积便于运输,并能去除不良物质,改善果蔬汁风味。果蔬汁中的芳香成分在蒸发浓缩过程中几乎全部失去,冷冻脱水法也只能保留约 8%,而应用反渗透技术则能保留 30%~60%。

果蔬汁的浑浊成分主要是果胶、蛋白质和淀粉等胶体物质,以及果蔬组织碎屑等悬浮颗粒,理论上讲,只有将它们完全除去才能得到澄清透明、性质稳定的果蔬汁。传统的澄清工艺是在一定 pH 值下用果胶酶进行分解,再通过一系列过滤程序将它们除去,最后还要进行巴氏杀菌。如果采用超滤澄清工艺,则是将榨出的果蔬汁在巴氏杀菌后降温,做一次超滤澄清处理,即可直接进行无菌包装。这种技术既可缩短果蔬汁的生产周期，又可使果蔬汁产品的产量提高 6％～9％，同时一些营养成分如维生素 C 等的损失可极大降低。

# 五、干燥新技术

## （一）真空冷冻干燥

真空冷冻干燥又称冷冻升华干燥、升华干燥，简称冻干（FD）。它是将物料中的水分冻成冰后，在真空条件下，使其直接升华变成水蒸气逸出，从而使物料脱水获得冻干制品的过程，该技术特别适合热敏性物料的干燥。

水有固态、液态和气态 3 种存在状态，三者之间可以相互转换也可以共存。当压力低于 610.5 帕或温度低于 0℃ 以下时，液态水不能存在，纯水形成的冰晶会直接升华为水蒸气，真空冷冻干燥就是基于此原理。真空冷冻干燥是先将温度降至 −30℃ 进行预冻，使物料中的水分在低温条件下冻结成冰晶，然后在高度真空条件下给冰晶提供升华热（但温度不能高到使冰融化），使冰直接气化除去水分，达到使物料干燥的目的。

真空冷冻干燥的优点是能够较好地保持产品的色、香、味和营养成分，且复水性好，复水后的产品接近新鲜状态。同时，产品挥发物损失少，蛋白质不易变性，体积收缩小。其缺点是所需设备投资和操作费用均比较高，因而生产成本较高。

## （二）真空油炸脱水

真空油炸脱水是利用在减压条件下，物料中的水分汽化温度降低，能迅速脱水，实现在低温条件下对产品进行油炸脱水。热油脂作为产品脱水的供热介质，还能起到膨化及改进风味的作用。

在真空度为 700 毫米汞柱的真空系统中，水的汽化温度降低至 40℃左右。此时,以 100℃左右的植物油为传热介质,果蔬原料内部的自由水和部分结合水会急剧蒸发而喷出,短时间内迅速脱水而达到干燥的目的。同时,急剧喷出的汽化水使物料单体体积迅速增加,间隙膨胀,形成疏松多孔的组织结构,达到良好的膨化效果。油炸时多使用棕榈油,该油脂的抗氧化性能强,利于防止褐变。真空油炸脱水技术将脱水干燥和油炸有机地结合起来,利用较低的加工温度,有效地避免了高温对果蔬营养物质的破坏以及油脂的酸败。

真空油炸脱水技术的关键在于原料的前处理,以及油炸时真空度和温度的控制。原料前处理包括清洗、切分、护色,以及渗糖和冷处理,一般渗糖浓度为 30%~40%,冷冻要求在 -18℃左右的低温冷冻 16~20 小时,油炸时真空度一般控制在 92.0~98.7千帕,油温控制在 100℃以下。目前,市场上真空油炸果蔬产品有苹果、梨、菠萝、柿子、香蕉、脆枣、番茄、胡萝卜、青椒、洋葱等,因其制品较好地保留了原有风味及营养,口感松脆,所以深受消费者欢迎。

## (三)微波干燥

微波干燥是利用微波发生器,将产生的频率为 300 兆赫至300 千兆赫、波长为 1 毫米至 1 米的微波辐射到干燥物料上,利用微波的穿透特性,使物料内部的水等极性分子,随微波的频率做同步高速旋转,使物料内部瞬间产生摩擦热,导致物料表面和内部同时升温,从物料逸出大量的水分子,达到干燥的目的。因为在微波的辐射下,介质内部是整体加热的,即无温度梯度加热,介质内部没有热传导,所以属于均匀加热。

微波加热不同于其他加热方法,一般的加热方式都是先加热物体的表面,然后热量由表面传到内部,而微波加热则可直接加热物体的内部。对于微波而言,被干燥的物料即介质,具有吸收、穿透和反射作用。微波干燥的主要特点是微波穿透性强,能很快深入物料内部;具有选择性加热的特性,物料中水分对微波的吸收多于其他固形物,因此水分容易蒸发,其他固形物吸收热量少,营养物质及风味物质不易被破坏;微波加热产生的热量是在被加热物料的内部产生,即使物料内部形状复杂,也是均匀加热,不会出现外焦内湿的现象。因此,微波干燥具有自动热平衡特性,便于控制和调节。同时,还具有热效率高,干燥速度快,制品加热均匀,产品质量好等优点。其主要缺点是耗电量大,干燥成本较高。

果品蔬菜实用加工技术

［1］孟宪军，乔旭光．果蔬加工工艺学［M］．北京：中国轻工业出版社，2012.

［2］张怀珠，张艳红．农产品贮藏加工技术［M］．北京：化学工业出版社，2009.

［3］陈学平．果蔬产品加工工艺学［M］．北京：中国农业出版社，1995.

［4］赵晋府．食品技术原理［M］．北京：中国轻工业出版社，2002.

［5］杨同舟．食品工程原理［M］．北京：中国农业出版社，2001.

［6］王博华，郑淑芳．鲜切青椒不同包装的保鲜效果［J］．农产品加工，2013(9)：26-27.

［7］董鹏，张良，陈芳，等．食品超高压技术研究进展与应用现状［J］．农产品加工，2013(6)：28-29.

［8］高年发．葡萄酒生产技术［M］．2版．北京：化学工业出版社，2012.

［9］高福成，郑建仙．食品工程高新技术［M］．北京：中国轻工业出版社，2009.

[10] 王颉,张子德.果品蔬菜贮藏加工原理与技术[M].北京:化学工业出版社,2009.

[11] 张宝善.果品加工技术[M].北京:中国轻工业出版社,2000.

[12] 李秀娟.食品加工技术[M].北京:化学工业出版社,2008.

[13] 张存莉.蔬菜贮藏与加工技术[M].北京:中国轻工业出版社,2010.

[14] 赵晋府.食品工艺学[M].2版.北京:中国轻工业出版社,1999.

[15] 叶兴乾.果品蔬菜加工工艺学[M].3版.北京:中国农业出版社,2009.

[16] 祝战斌.果蔬加工技术[M].北京:化学工业出版社,2008.

[17] 赵丽芹.果蔬加工工艺学[M].北京:中国轻工业出版社,2007.

[18] 陈夏娇,王巧敏.蔬菜加工新技术与营销[M].北京:金盾出版社,2012.

[19] 阮卫红,毕金峰.影响桃汁色泽稳定性因素研究进展[J].食品与发酵工业,2013(9):139-141.

[20] 宋留丽,余坚勇.鲜切马铃薯褐变程度数学模型研究[J].食品工业科技,2013(3):112-115.

[21] 乔旭光.果醋的发酵及其酿制[J].农产品加工,2008(6):27-29.

[22] 赵丽芹,张子德.园艺产品贮藏加工学[M].2版.北

京：中国轻工业出版社，2009.

　　[23] 赵晨霞．果蔬贮运与加工[M]．北京：高等教育出版社，2005.

　　[24] 罗云波，蔡同一．园艺产品贮藏加工学（加工篇）[M]．北京：中国农业大学出版社，2001.

　　[25] 曾庆孝．食品加工与保藏原理[M]．2版．北京：化学工业出版社，2007.